生活本该如此

越简单 越美好

Going Green
Discover a New Way of Life

欧阳海燕 等著

U0305106

中国经济出版社
CHINA ECONOMIC PUBLISHING HOUSE

图书在版编目（CIP）数据

生活本该如此：越简单越美好 / 欧阳海燕等著.
北京：中国经济出版社，2024. 6. --ISBN 978-7-5136-
7797-4

Ⅰ. P467

中国国家版本馆 CIP 数据核字第 20243L3P12 号

责任编辑　姜　静　汪银芳
责任印制　马小宾
装帧设计　墨景页　宫　燕
插画绘制　张　帅
出版发行　中国经济出版社
印 刷 者　北京富泰印刷有限责任公司
开　　本　710mm x 1000mm 1/16
印　　张　15
字　　数　120 千字
版　　次　2024 年 6 月第 1 版
印　　次　2024 年 6 月第 1 次
定　　价　68.00 元
广告经营许可证　京西工商广字第 8179 号

中国经济出版社　网址 www.economyph.com 社址 北京市东城区安定门外大街 58 号 邮编 100011
本版图书如存在印装质量问题，请与本社销售中心联系调换（联系电话：010-57512564）

《越简单越美好》编委会

联合策划	欧阳海燕　姜　静　赵　亮
主　编	欧阳海燕
主创团队	欧阳海燕　白志敏　孙敬华
	王双瑾　马海鹏　李本本
特约编辑	王　妍　白志敏

自序

　　人类学家玛格丽特·米德说："永远不要怀疑，一小群有想法、肯付出的人竟能改变世界。事实上，世界正是这样被改变的。"

　　公益人，就是这一小群改变世界的人。

　　4年前，我访学归来，决定微调我的职业轨道，从社会事件的观察者和解释者，转变为社会积极改变的行动者和传播者。于是，我加入了公益教育的行列，从媒体人转型进入了公益圈。从此，在我的身边，涌动着一股股顽强的力量，它们不是惊涛骇浪，而是水滴石穿。

他们直面当代中国社会的真问题，扎根在教育公平、健康医疗、乡村发展、生态环保、扶弱助残、融合就业等领域，用公益的方式推动社会问题的解决。在这群公益人身上，我看见了丰富跌宕的人生、宽广的生命境界和不可限量的生命潜能。课堂上、班级里，他们都是很普通的人，但他们拥有的那颗善感的心、坚决的行动力和长久的坚持，凝聚成了他们身上的光。

这是激励我编写中国公益人故事的初衷。这个想法与中国经济出版社姜静编辑的想法不谋而合。接下来就是选择一个领域迈出第一步。

3年前，我因所在机构深圳国际公益学院与能源基金会联合开展的"策略传播菁英计划"项目，结识了"空气侠"的创始人赵亮，他是一位"蓝天卫士"，也是一位能量满满的"行动派"。彼时，中国上下掀起了"全民讲碳"的热潮，而我们在调研中发现，当时市场上的低碳环保书籍，多为知识科普，故事类书籍寥寥无几。我们认为，恰恰是真实的人物故事，才有可能促使人们的行为发生自内而外的改变。于是，我们决定策划一本低碳环保领域的人物故事书，并为它取名《越简单越美好》，寓意简单绿色的生活，会让世界变得更加美好。我们期待通过生动的叙事来传达低碳环保的生活理念和行为方式，让读者发现另一个视角的美丽中国和一群可爱的绿色行者，倡导一种大众可及的生活方式。用故事打动人，用故事感染人，用故事影响人，用故事带动人，并以此带动社区和社会的关注和参与。

3年来，我们组建了编委会，并且在不同领域老师和伙伴的支持下，利用业余时间共同完成了这部作品。我要感谢给予我们无私支持的贾峰老师，他是我们的第一位采访对象，对本书的诞生始终抱有信心。感谢零活实验室（GoZeroWaste）发起人汤蓓佳（老汤）、北京有机农夫市集召集人常天乐、环保艺术工作者韩李李、生态环境保护工作者王双瑾、环境保护与环境教育工作者马海鹏（马车）、美丽公约文明旅游公益主题行动发起人史宁、"无毒先锋"李本本、"空气侠"发起人赵亮，以及垃圾减量"魔法师"孙敬华（莲蓬）。他们参与了本书的采访和创作，并且耐心等待它的诞生。

本书在"双碳"目标的大叙事中，从微观个体出发，讲述了10位环保先锋的故事，内容涉及低碳出行、有机食品、生态旅游、低碳生活、垃圾减量、大气治理、海洋保护、自然教育、化学品安全与健康等环保领域的方方面面。

在本书中，你将看到：

- 生态环境部宣传教育中心创始主任、首席专家贾峰讲述一年骑行5000多公里、减碳1吨多的"骑"妙生活；

- "零废弃"生活践行者汤蓓佳介绍过往7年与物品关系发生改变的焕新行动；

- "有机农夫"通过生态种植与农夫市集，找回了食物的本真本味，重塑了人与土地和食物之间的关系；

- 环保艺术工作者韩李李用画笔为环境和动物发声、守护自然的温暖瞬间；

- 西安市生态环境保护工作者王双瑾"白手起家"，16年坚持不懈将环保宣传影响力越做越大的"绿"城足迹；

- 生态环境保护志愿者马海鹏（马车）10年来奔波环保一线，守护城市里的每一只鸟、每一条鱼、每一片林子和每一片海的坚守之路；

- "美丽公约"发起人史宁讲述美丽公约志愿者清理高原垃圾、守护地球第三极的高原足迹；

- "无毒先锋"李本本和伙伴们抗击隐形污染——有毒化学品，克服重重阻碍"给电商去毒"的无毒之战；

- "空气侠"发起人赵亮讲述从一个人到一群人，从独行侠到群侠，守护蓝天版《侠客行》；

- 垃圾减量"魔法师"孙敬华（莲莲）缘何坚持写"垃圾日记"以及怎样做到日常垃圾减量的魔法生活。

公益的最高目标是带来人的改变。如果他们的故事打动了你，如果他们的故事影响了你，甚至改变了你，那将是对这一群环保公益人，那么多年不懈努力的最大回应！我们期待，一个行动的你，和我们一起，推动生态环境的积极改变，让这个世界变得更加美好！

欧阳海燕

2023年10月于北京

目录
CONTENTS

贾峰：低碳生活，始于足下

骑行的世界如此美妙，骑行的感受如此独特，骑行「不仅能让你最大限度地感受四季的变化，也能放慢你的脚步，歇歇脚，拍拍照，想想事，让落在后面的灵魂跟上来」。

在骑行带来的诸多美好变化中，贾峰作为一名环保宣教工作者，最重视的还是减排，「自行车是零碳的交通工具」。他提出「一人一年一吨碳」的减排目标，并以身作则，连续3年达标。

贾峰认为，骑行的舒适度也体现了一座城市的人文关怀。「城市管理需要有『道路共享』的理念，即不同交通工具的使用者能够和谐共处。提倡道路的共享，也就是提倡城市的共享。」

回归

骑行之路

"省时、健身、减排、减压、回归自然、省钱"，贾峰在骑行中解锁了一种全新的生活方式，绿色、健康且快乐。不只为"自娱自乐"，他还要影响更多人。

从事了近 30 年环保宣传教育工作，贾峰坚信，环保需要宣教，而宣教不是说教，不是"按我说的去做"，而是"和我一起做"。

于是，在"快乐"和"使命"的双核驱动下，一个基于 23 万名粉丝的微博传播实验开始了。

从 2020 年 4 月起，贾峰开始骑车通勤，并在微博上讲述一路上的风景、偶遇的人和事、点点滴滴的发现与感悟，潜移默化地影响着越来越多的人关注骑行和环保。

骑车，一年多活 20 天

贾峰是一个精于"计算"的人，这缘于他近 30 年环境保护宣传教育工作养成的习惯——拿数据说话。

"骑车让我一年大概能多活 20 天。"贾峰开始计算，"骑车通勤之前，我游泳健身，一周三次，每次来回大概用时 3 小时，一周就是 9 小时，一个月就是 36 小时，一年下来就是将近 20 天。"

"现在，骑车替代了游泳，同样实现了健身，还额外节省了时间。"贾峰说，"这不相当于一年饶你 20 天嘛！"

贾峰喜欢在"计算"中找乐子。自 2020 年 4 月骑车通勤以来，他的微博里就充满了这样的"乐子"：

骑行上下班 150 天，与开车相比累计大约减碳 0.75 吨（150 天 ×0.005 吨 / 天），省时 4500 分钟（30 分钟 / 天 ×150 天），还锻炼了身体，节约了游泳馆 / 健身房费用以及油钱和停车费。不过，最重要的是能感受季节的变化之美，捕捉自然的气息，愉悦心情，远离路躁。（2020-10-28）

我上下班 7 公里，开车 30 分钟，骑行 20 分钟。去东长安街的生态环境部 14 公里，开车 70 分钟，骑车 50 分钟。如此对比，龟兔赛跑，谁胜谁负或许你就有了答案。（2021-03-31）

这大热的天，骑了近 40 公里，与自己开车比，省了近 40 元油钱，且消耗了上千卡路里。更重要的是，增强了肌肉力量和心血管的弹性。关键是这样的健身不需要付费。（2021-07-17）

贾峰在自行车行

无论通勤还是开会，贾峰一般都会选择骑行，"在北京，最靠谱的就是骑车，不受早晚高峰影响，省时间"。

贾峰的通勤距离是 7 公里，骑行所需要花费的时间约 21 分钟，而开车则需要花费 30 多分钟。从家出发去部里开会❶，骑行仅用时约 30 分钟，而开车则不确定，"常常随着时间的推移出现拥堵，或者因一个剐蹭事故，或者因为临时交通管制而影响行程"。

"正因为这样，国际上把骑车出行称为自主交通（Active Mobility），想快就多使劲，想慢就少用力，一切由你说了算。"贾峰说。

骑行还让贾峰明显感觉到体能的增强。"2020 年 3 月，我平均时速 16 公里，想提到 20 公里左右，骑个 500 米就得歇菜❷。"贾峰说，现在，不仅平均时速能达到 18 ～ 20 公里，而且每天还以 22 ～ 23 公里的速度 4 次冲上过街天桥的斜坡，"锻炼的效果比较明显"。

2020 年 12 月 24 日，贾峰又骑了 30 多公里，他在微博中记录道：

在寒风中，起初有些凉，但途中开始冒汗，与前不久比，时速提高 1 公里，体力增强同时，卡路里消耗有所增加。心情舒畅，与健身房挥汗或周末郊外骑行并无二致。

让落后的灵魂跟上来

贾峰笔下，通勤之路美不胜收，让人跃跃欲试。贾峰会在微博中，将骑行中的美景写得十分诱人，宁静而惬意，让紧张刷微博的城市人感到意外地放松。

在腊月的雪花纷飞中，他看到"地上的积雪借助光线，呈现出'黄金'遍地的'奇观'"；在傍晚的北二环辅路，他抓拍到了温柔妩媚的夕阳；在安立路边的苍鹭林，他发现 2021 年的苍鹭"特别有觉悟，非必要不出京"，忙忙碌碌的，"有的在筑巢，有的在'搬运建材'，有的在追逐，也有的在放飞自我"。

骑行的世界如此美妙，骑行的感受如此独特，骑行"不仅能让你最大限度地感受四季的变化，也能放慢你的脚步，歇歇脚，拍拍照，想想事，让落在后面的灵魂跟上来"。

---

❶ 从北京位于北四环的生态环境部宣传教育中心到位于东长安街的中华人民共和国生态环境部，骑行距离11公里。
❷ "歇菜"是网络流行语，表示已经没有办法、无路可退或被迫结束。

贾峰 ✅

21-1-19 21:50 来自 HUAWEI P40 Pro 5G

雪，大多有个前缀"白"。但是，有时也能呈现出其他的颜色。

今早，雪花飞舞的同时太阳穿云而出，出现难得一见太阳雪。更有趣的是，地上的积雪借助光线，呈现出黄金遍地的"奇观"。而这，驾车者肯定会错过的，是骑行者的意外之喜。

雪花飞舞，"黄金"遍地

贾峰 ✅

2022-3-2 来自 HUAWEI P40 Pro 5G

♡骑行超话♡美丽中国我是行动者超话#北京2022年冬奥会#
虽已历经冬日的风雪的考验，苍鹭依然在忙碌，修补巢穴，准备迎接新生命的诞生。

忙忙碌碌的苍鹭

贾峰 ✓
2021-3-25 来自 HUAWEI P40 Pro 5G
只有骑行，才能抓拍到如此妩媚的夕阳，
（今天傍晚北二环辅路），如月一般的温柔和妖娆。

妩媚的夕阳

减排：一人一年一吨碳

在骑行带来的诸多美好变化中，贾峰作为一名环保宣教工作者，最重视的还是减排，他认为"自行车是零碳的交通工具"。他提出"一人一年一吨碳"的减排目标，并以身作则。2021 年 5 月 19 日，贾峰在微博上"数说"了自己骑行第一年的减碳成绩：

转眼骑行 1 年多了，'一人一年一吨碳'进入第二个年头。全球环境战略机构（IGES）曾发表一个研究报告，2017 年中国人均出行 6000 公里左右，贡献 1.09 吨二氧化碳（当量），而要实现《巴黎协定》1.5 摄氏度控温目标，IGES 指出，2030 年中国人均出行碳排放量要降到 0.4 吨，2050 年减至 0.07 吨。本人每日上下班骑行替代开车，一天可以减碳五六公斤，一年至少减碳 1 吨。这么说我已经走在时间前面了。

不同交通方式的碳排放量

交通方式	碳排放量 （千克 / 人·公里）	交通方式	碳排放量 （千克 / 人·公里）
电动车	0.009	普通火车	0.027
公交车	0.017	动车组列车	0.0267
摩托车	0.058	短途飞机 （200 公里以内）	0.275
长途客运汽车	0.07	中途飞机 （200 ～ 1000 公里）	[55+0.105×(公里数－200)] / 公里
出租车	0.2	长途飞机 （1000 公里以上）	0.139
私家车	0.2		

资料来源：傅云新 . 低碳旅游 [M]. 暨南大学出版社 ,2015.

2021 年 4 月 22 日是第 52 个"世界地球日"，主题是"修复我们的地球"。贾峰所在的生态环境部宣教中心与北京市交通委员会、中华环保联合会等机构联合发起了"全民骑行总动员助力减污降碳"教育实践活动。贾峰在微博中称：

要实现《巴黎协定》温控 1.5℃的目标，可以借助电气化出行，并且是可再生能源来解决。但是，若选择骑行，现在就能实现。

为应对气候变化，197 个国家于 2015 年 12 月 12 日在巴黎召开的缔约方会议第 21 届会议上通过了《巴黎协定》，旨在大幅减少全球温室气体排放，将 21 世纪全球气温升幅限制在 2℃以内，同时寻求将气温升幅进一步限制在 1.5℃以内的措施。

《巴黎协定》于 2016 年 11 月 4 日正式生效，是具有法律约束力的国际条约。目前，共有 192 个缔约方（191 个国家加上欧盟）加入了《巴黎协定》。中国是《巴黎协定》缔约方。

资料来源：巴黎协定 | 气候行动 | 联合国 (un. org)。

在大大小小的会议和演讲中，贾峰时常引用这样一组数据：根据《巴黎协定》做出的一项决定，升温控制在2℃以内，2030年全球排放量需要限制在420亿吨以内，目前各国的预期国家自主贡献（Nationally Determined Contributions，NDCs）无法达到这一限制，这将导致2030年排放达到550亿吨。根据联合国环境规划署（United Nations Environment Programme，UNEP）2020年排放差距报告，2019年全球总排放量达到591亿吨二氧化碳当量的历史新高。

贾峰通过会议和演讲"数说"减排的重要性

"面对这一差距，仅靠生产侧减碳无法完成目标。"贾峰说，"从全球视野来看，消费领域的碳足迹占人均碳排放的40%～80%。有关研究表明，若要实现《巴黎协定》1.5℃温控目标，在考虑到负排放技术应用的前提下，发达国家需减少80%～93%与消费相关的碳足迹，而发展中国家减少的幅度在23%～84%。"

碳足迹，英文为Carbon Footprint，是指由企业机构、活动、产品或个人引起的温室气体排放的集合。温室气体排放渠道主要有交通运输、食品生产和消费、能源使用以及各类生产和生活过程，在这些过程中，"碳"耗用得越多，导致全球变暖的元凶二氧化碳也排放得越多，"碳足迹"就越大；反之，"碳足迹"就越小。而个人的"碳足迹"就是我们在日常生活中衣、食、住、行、用等所产生的二氧化碳排放的总量。

"而吃、住、行3项又对消费领域的碳排放贡献最大。"贾峰说，"所以可以从消费侧开展'全民减碳'行动，并以此对生产侧产生积极影响。具体来说，在'行'的方面，可以倡导无车私人旅行和自行车通勤，购买电动和混合动力汽车，提高车辆燃油效率，发展共享单车；在'住'的方面，可以倡导在靠近工作场所区域居住，购置较小的居住空间，使用可再生电力和开发分布式供电，用热泵来调控室温；在'吃'的方面，可以倡导改变饮食习惯和结构，选择乳制品和红肉的替代品等。"

　　贾峰援引日本全球环境战略机构对细分消费领域碳足迹的研究表示，基于 2017 年的数据分析，中国人均年出行 6000 公里左右贡献约 1.09 吨二氧化碳当量（tCO_2e），占消费领域碳足迹的 1/4；要实现 1.5℃温控目标，到 2030 年中国人均年出行贡献碳足迹应降低为 $0.4tCO_2e$，到 2050 年应降低为 $0.07tCO_2e$，"基本上就是减 1 吨碳"。

　　减 1 吨碳，这个目标实现起来难不难？贾峰用自己的行动来做示范。

　　每次骑车出行，贾峰都会借助手机地图，监测自己的出行距离和碳减排量。

　　今天，骑行大约 45 公里，减碳超过 13 公斤，向年减碳 1 吨目标前进。更有意义的是，消耗可观的卡路里，增强体质。（2020-11-20）

　　今早进城去部里开会，15 公里，用时 45 分钟左右，减碳超过 5 公斤，那今天总计要减碳 10.5 公斤啦。（2020-12-09）

　　2021 年 4 月 22 日，正值贾峰骑车通勤一周年，他计算了一年的碳减排量，在微博中兴奋地写道：

　　去年以来，我骑行通勤和办事已超过 6000 公里，提前减碳过 1 吨。一个人的努力是有限的，若全民总动员，加入骑行减碳行列，碳中和一定能早日实现。

　　更让贾峰感到振奋的是，这一年世界地球日"全民骑行总动员　助力减污降碳"教育实践活动"居然上了三家报纸的头版，几乎是整版"。贾峰说："我做了 27 年的宣传活动，从来没有一个像今年 4 月 22 日活动影响力这么大，可见以骑行推进生活方式绿色化、助力减污降碳十分必要。"

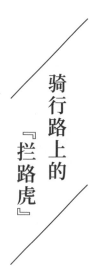

骑行路上的『拦路虎』

隐形的自行车"歧视"

"偷偷绕过保安，把车'拴'在凯宾斯基酒店楼前的树上。"有一次贾峰受邀去一家五星级酒店参加气候传播主题论坛，当天虽下着雨，但他依然骑自行车前往。结果到了五星级酒店门外，却发现自己的爱车无处安放，遂"出此下策"。这篇微博因令人哭笑不得的窘境和幽默的语言收获了 117 万人次的阅读量。

不止在五星级酒店，贾峰在医院也遭受过"自行车不能进院"的待遇。他跟门卫大叔讲《公共机构节能条例》，却不被理会。甚至有一次，贾峰骑车去位于奥森南园附近的某金融大厦开会，散会后竟然发现停在大楼门前的自行车不见了，"差一点就报警了"。一番"搜索"后发现，爱车已被大厦保安"安全转移"到了马路对面的林子里。

"上有绿色低碳的要求，下面该与时俱进地修改完善不合时宜的规定才好。希望，类似的对自行车的'歧视'以后越来越少，骑行越来越方便。"在经历了一次又一次挫败感之后，2021 年 8 月 3 日，贾峰在微博上如此表示。

与摩托车的"追逐交锋"

为了让城市骑行环境变得更加友好，贾峰越"挫"越勇，路遇不文明，必苦口婆心。2021 年 8 月 13 日，他在微博上记录了一则追赶摩托车的故事：

　　这铃木豪爵确实豪横，绿灯亮起瞬间就绝尘而去。不过，有人还是想去追。不是要比试一番，而是要跟车手做做交通守法好公民的思想工作。

　　这不，红灯拦住了铃木。显然，它一直在自行车道路上以百公里时速与我们侧肩而过，安全隐患之大可想而知。于是，有人凑上前去，展开10秒三句半思想工作。

　　"知道你交通违章了吗？"（对方表情：略带不屑和矜持）

　　"你被我拍下来了知道吗？"（对方表情：茫然）

　　"要是以后不再走自行车道，这回不上传。"（对方表情：感激）

　　"谢谢！"（对方说）

赶在下一个路口，对豪横的摩托车手进行交通法治教育

7公里的通勤路上，在贾峰开始骑行的时候，几乎每天都能碰到四五个违章者——大部分是摩托车进入非机动车道，他就"想方设法"对摩托车手进行安全教育。

"我怎么能追上摩托车，它那么快？"贾峰笑着说，"从北五环到北四环大约5公里，摩托车的最高时速超过150公里，而我也就20多公里。硬追是赶不上的。但是，在这约5公里的路上，有6个红绿灯。所以，虽然它启动快，一溜烟就不见了，

贾峰 🔶
3-29 12:22 来自 HUAWEI P40 Pro 5G
还有两天北京新交通标准就要生效了！上下班路上仰山路东口还没行动，要持续关注。那里在自行车道上停了17辆机动车。

除了要把自行车道路还给骑车市民，若要推动更多人选择绿色低碳骑行，执法还要跟上。今天与摩托车的骑手有四次沟通，他们均在自行车道路上风驰电掣般行驶，给骑行者带来极大的安全隐患。教育和罚款不是目的，是让违法者长记性，共建和谐共处的交通秩序。 收起

贾峰在微博中曝光仰山路东口占用自行车道的机动车

但在下一个红绿灯或再下个路口，说不定就能赶上，于是红绿灯前的交通法治教育就开始了。"

有朋友对贾峰爱"管闲事"表示担心，说："老贾，你胆子太大了，怎么敢跟骑摩托车的较劲呢？不怕他们撞你吗？"贾峰说："有什么可怕的，大庭广众之下这么多摄像头，难道他打我一顿？"事实上，绝大多数的安全教育工作都能顺利进行。"我能说服他，但是送外卖的不行！车前车后，外卖摩托飘来飘去，不时让你'惊慌失措'。"贾峰说，"你等我以后有空了，专门组织律师去告这些平台，让他们承担交通违章的连带责任。"

除了摩托车，贾峰也对占道停车"穷追不舍"。2021年3月29日，在北京新交通标准生效前夕，贾峰就把停在仰山路东口自行车道上的17辆机动车进行了"曝光"。这一天，他还在路上与风驰电掣的摩托车进行了4次"交锋"。"若要推动更多人选择绿色低碳骑行，执法还要跟上。"贾峰在微博上表示，"教育和罚款不是目的，是要让违法者长记性，共建和谐共处的交通秩序。"

2021 年 4 月 1 日，北京市《步行和自行车交通环境规划设计标准》（以下简称《标准》）实施。

《标准》在突出交通环境设计的安全性、提升绿色出行品质、引导文明出行等方面做出规定。

为确保行人和自行车的路权，《标准》强制性规定，既有道路不得通过挤占人行道、非机动车道方式拓展机动车道，已挤占的应恢复；设计速度大于 40km/h 的城市道路，非机动车道与机动车道之间必须设置安全隔离设施；隔离设施应优先选用绿化分隔带。

同时，为有效缩短行人过街距离，《标准》要求缩小交叉口的半径，从而缩小交叉口尺寸，既能缩短行人过街距离，又能降低右转机动车的车速，从而提升行人和自行车过街的便利性和安全性。此外，为强化过街行人的安全与舒适，消除过街自行车混入对行人的干扰，《标准》规定路段设置人行横道的，人行横道两侧应设置自行车过街带，人和自行车各行其道。

安全：影响骑行的首要因素

2021 年 6 月 3 日，世界自行车日，联合国秘书长古特雷斯在致辞中表示，自行车是价廉、无污染的替代交通方式。但是在倡导绿色出行的同时，贾峰意识到，除了知识的传播、个体意识的提高以外，市民的绿色生活实践还有赖于城市公共基础设施。

其中，宣教中心调查显示，安全是影响市民骑行意愿的首要因素。尤其在自己遭遇了两次交通事故后，贾峰更加深切地体会到，没有安全保障，就没有全民绿色出行。

"骑车是低碳的出行方式，但是不应该因为一个人骑车去上学或者上班而付出生命的代价。"因此贾峰倡导加强道路安全并将其融入可持续出行和运输基础设施的规划和设计，特别是为此采取政策和措施，积极保护和促进自行车出行安全很有必要。

在与北京市公安局公安交通管理局举行座谈时，贾峰团队提出的建议之一就是在自行车与机动车混合道路上安装自行车优先标识和 30 公里限速标牌。

2021 年 3 月，长椿街两侧竖立了清华大学交通研究所杨新苗老师带领学生设计的"自行车优先"的标志牌。"估计北京市民是头一回见到'自行车优先'的提示牌。"贾峰在微博中说，"那开车的各位，以后再遇到前方有自行车就别使劲儿按喇叭啦！本来就是自行车道路，机动车只是借光而过。换言之，机动车'自由航行'也要守规矩。"

2021 年 3 月，长椿街两侧竖立起了"自行车优先"标志牌

贾峰 🅥

5-1 13:14 来自 HUAWEI P40 Pro 5G

北京新交通标准生效一个月了，我发现除了像安立路这样的干路两侧的非机动车道路内划分的停车位已取消，越来越多的支线道路甚至社区道路也陆续清理完毕。

随着北京新交通标准的实施，贾峰通勤路段的骑行环境已经有了明显改善

2021 年 5 月 1 日，北京市《步行和自行车交通环境规划设计标准》实施一个月后，贾峰发现，除了安立路这样的干路两侧的非机动车道路内划分的停车位已取消，越来越多的支线道路甚至社区道路也陆续清理完毕。

比如，在他长期"监督"的仰山路东段，对于停在自行车道内的机动车有了贴条提示；而在育慧南路，则对违停车辆直接开了罚单。"若全国都能像京城这样，骑行率和骑行人数一定会大幅增长，中国老百姓就能为消费领域绿色低碳转型，早日实现碳中和实实在在做贡献。"贾峰在微博中愉快地表示。

共享之路

重新"定义"北京二环路

从 2020 年 10 月起，北京开始了一项大工程——二环路辅路慢行系统优化改造。"一夜之间，自行车道加宽了，与过去（有痕为证）相比加宽 1 米左右，这样可以满足更多骑友的加入，骑车也更安全舒适。"贾峰在 2020 年 10 月 29 日的微博上记录了这一变化，并且评价道："北京 1 米这一小步，是迈向绿色低碳人性化交通一大步。"

夜间施工、分段推进，这项工程于 2021 年 6 月底全线完工。"新"二环辅路机动车道"瘦身"，挤出的空间分配给自行车道；全线精打细磨优化骑行路线，车流交汇处骑车走"Z"字成为历史；交通组织创新，路口骑行一次左转大大提速；立体反光道钉、柔性隔离桩、机动车停车让行提示和自行车优先标识，细微处体现着对骑行路权最高等级的保障。❶

二环路加宽的痕迹

❶ 北京交警 | 二环路机动车道"瘦身"，最高"礼遇"骑行人.平安北京公众号，2021-5-22.https://mp.weixin.qq.com/s/iJySvXahpJFU392vaSu6_w?

　　自 1981 年考入北京大学, 贾峰在京城学习、生活、工作了 40 年, 其间走过了中国大大小小的城市, 目睹了中国城市道路的变化。从"自行车王国"到自行车道路不断被挤压, 甚至在一些新兴城市, 城市的交通规划不再考虑自行车通勤功能, 不再设计建设自行车道路。

　　"而今为了早日实现'3060'目标, 我们发现骑行是行之有效、健康低碳, 而且成本低廉的出行方式, 也成为政府主导、企业支持、公众参与的让城市更和谐的路径。"贾峰认为, 此次北京二环路辅路的自行车道的拓宽和机动车道的"瘦身", 就为全国的城市包括为世界各国如何推动市民的绿色出行树立了一个非常好的榜样。

　　"重新'定义'二环路也体现了'道路共享'的概念, 就是不同交通工具的使用者能够和谐共处。"贾峰说, "这体现了一座城市的人文关怀, 是城市管理理念的重建——提倡道路的共享, 也就是提倡城市的共享。"

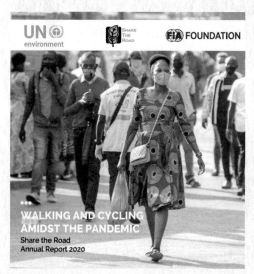

UN environment　SHARE THE ROAD　FIA FOUNDATION

WALKING AND CYCLING
AMIDST THE PANDEMIC
Share the Road
Annual Report 2020

联合国环境规划署共享之路 2020 年年度报告封面

　　自 2008 年启动以来, 联合国环境规划署"共享之路"倡议为步行者和骑行者的需求提供全球领导力和支持。10 多年来, "共享之路"倡议一直将对步行和自行车道路的系统性投资, 作为确保城市道路安全和应对与交通有关的环境挑战的关键解决方案之一。

　　2020 年新冠疫情期间, "共享之路"的研究表明, 促进对步行和骑行基础设施的系统性投资和优先考虑步行和骑行者的需求, 对于世界从 COVID-19 中实现绿色复苏至关重要。

北京首条自行车专用路

2020 年 9 月 13 日，贾峰骑车体验了一次北京首条自行车专用路。这条路于 2019 年开通，全长 6.5 公里，连接了"回龙观"大型居住区和"上地"高科技产业区，有效分解了 1.16 万人的通勤压力，且全程骑行时间仅需半小时。

他这次骑行的感受十分畅快，"高架桥上骑行，犹如化身蝙蝠侠，低空在城市穿过，前所未有的飞行体验。而当骑行在地面绿地时，就像在野外踏青，鸟语花香不离左右。在这初秋时节，印象最深的是不时飘来的松果、松脂的味道。"

北京首条自行车专用路全长 6.5 公里，连接了"回龙观"大型居住区和"上地"高科技产业区，全程骑行时间仅需半小时

在这天的微博中，贾峰还写道：

对我们环境宣教工作者来说，如何将公众的环境意识转变为行动一直是难点。而今，自行车专用道的建设为衣食住行生活方式绿色化之"行"奠定了安全、便捷、舒心的基础。北京通过建设有助于生活方式绿色化的基础设施建设来提升全民环保参与的规模和水平是环境社会治理的创新，值得研究和推广。

截至 2021 年 5 月中旬，北京首条自行车专用路 2 年累计使用量已经超过 318 万人次，日均 4000 ~ 6000 人次，每人次平均骑行距离为 3.8 公里。根据自行车专用路使用者交通方式转移情况测算，自行车专用路已累计贡献超过 800 吨的减排量。❶

---

❶ 北京首条自行车专用路开通两年通行量超318万人次，中国新闻网，2021-05-20. https://www.chinanews.com.cn/sh/2021/05-20/9481796.shtml.

目前，北京市正在推进北京首条自行车专用路的西延、东拓和南展工程，2020年7月完成了自行车专用路西延工程，向西延伸到永丰路。东拓工程将达到天通苑地区。南展工程要延伸到西直门地区，2022年底已完成一期后厂村路至北四环段的建设。❶

"城市风轮"蓄势待发

北京自行车专用路还在向全市更大范围推广。据悉，"十四五"时期，北京城市副中心将规划建设通惠河沿线自行车专用路示范项目，绿色出行比例将提高到80%。❷

"假以时日，一条条自行车专用道或凌空穿过城市，或沿着河流畅行，编织成一个'城市风轮'，成就我们绿色低碳宜居城市的梦想。"贾峰表示。

北京"城市风轮"示意图

"城市风轮"是一个形象的比喻，是指利用滨河空间、铁路沿线空间条件、环湖空间、带道绿色空间等连通既有便道，完善路面铺装，安装附属交通设施，实现步行和骑行连续。"城市风轮"于2019年11月的北京市绿色出行议政会提出，并在北京市政府的推动下开始实施。我国城市多有环路，也不乏河流，以"城市风轮"为代表的自行车路绿色新基建能有效提升绿色出行水平。

资料来源：
姜希猛，杨新苗，陈戈，等. 交通碳减排别小看自行车[N]. 中国交通报，2021-5-11(7481).

依据《北京市慢行系统规划（2020—2035年）》，北京将建设连续安全、便捷可达、舒适健康、全龄友好的慢行系统，助力实现碳达峰、碳中和。其中，近期目标是，到2025年，通过制定完善相关措施、开展专项行动，系统性解决慢行系统

❶ 从后厂村骑到北四环，北京首条自行车专用路南展一期工程贯通. 北京日报. 2022-12-29. https://new.qq.com/rain/a/20221229A04S7C00.
❷ 副中心通惠河沿线将规划自行车专用路. 北京晚报，2021-10-20. http://bj.wenming.cn/tzh/yaowen/202110/t20211020_6210357.shtml.

突出问题，持续提升慢行交通吸引力；远期目标是，到 2035 年，将慢行系统与城市发展深度融合，形成"公交＋慢行"绿色出行模式，建成步行和自行车友好城市。❶

"北京全力以赴打造绿色低碳城市，成为减碳、碳中和和充满人文关怀的绿色标杆。"贾峰说，"现在天津、西安、成都、深圳都在学北京的经验，比如深圳，在城市设计的时候根本没有设计自行车道路，现在正在现有道路的基础上大规模地增建自行车道路。"

不过把自行车道路系统称作"慢行系统"，贾峰认为并不十分准确。"'慢行'是基于自行车与机动车最高时速的对比，但结合现实路况，哪个快哪个慢还不一定。况且，城市生活不能一味求慢，还得有效率。"

贾峰表示，是时候给自行车道路系统正名了，它其实就是一个自主交通系统，一个不借助外力、个人能决定速度快慢的系统。

新冠疫情期间，为了应对新冠疫情、交通拥堵以及气候变化等多方面的挑战，欧洲很多城市都加强了绿色出行，增强城市交通韧性。

2021 年 5 月 18 日，来自欧洲国家的部长和代表通过了《维也纳宣言》以及首份《泛欧自行车出行总体规划》，旨在推动交通系统向更加清洁、安全、健康和包容转型，并重点在全欧洲推广骑自行车出行。

《泛欧自行车出行总体规划》旨在完成以下目标：到 2030 年，将欧洲区域的自行车出行比例提高一倍；显著增加各国的骑行和步行比例；为骑行和步行分配充分的道路空间；改善每个国家与骑行和步行相关的基础设施；加强针对骑行和步行的安全保障；制定国家骑行政策、战略和计划；将骑行纳入公共卫生、基础设施和土地使用政策规划。

《维也纳宣言》呼吁建立一个覆盖全欧洲的全面战略，促进交通出行向零碳转型，确保在未来的数十年内能够建立一个安全有效的交通体系，并鼓励区域所有国家在绿色健康的出行和交通领域重新启动可持续的投资。

资料来源：
欧洲国家通过《维也纳宣言》推广自行车和步行等绿色健康出行方式 . 联合国新闻 . 2021-05-18. https://news.un.org/zh/story/2021/05/1084302.

---

❶《北京市慢行系统规划（2020—2035年）》公示 本市将打造"公交+慢行"绿色出行模式, 北京日报, 2021-09-03.http://www.beijing.gov.cn/ywdt/gzdt/202109/t20210903_2483137.html.

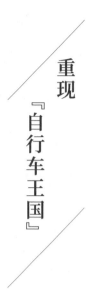

重现『自行车王国』

基于 23 万 ❶ 粉丝的骑行传播实验

从 2020 年 4 月起，贾峰开始在微博上讲述自己骑车通勤的故事。截至 2023 年 4 月，共发布微博 360 余篇，平均 3 天一篇。骑行微博的关键词如贾峰微博词云图所示，主要有"骑行""自行车""绿色""道路""低碳""交通""城市""机动车""生态""环境"等。可见，除了骑行 / 自行车出行本身，贾峰的微博也涉及了大量有关城市交通、道路建设以及生态环境的内容。

阅读量、点赞量、转发量和评论量是贾峰关注的 4 个指标，"它们反映了骑行话题的受关注度"。据贾峰统计，骑行微博的阅读量基本保持在 5000 人次以上，总阅读量超过 1100 万人次；其中，阅读量超过 1 万人次的有 69 篇，超过 10 万人次的有 11 篇，超过 100 万人次的有 4 篇；最高阅读量为 172 万人次，发布于 2021 年 6 月 3 日第四个"世界自行车日"。

在骑行传播实验中，贾峰有一个惊喜的发现：

2020 年 10 月，以及 2021 年 4 月、5 月 2 日和 10 月 2 日，贾峰在微博中分别记录下了时任北京市市长陈吉宁的 4 次骑行调研活动。同一个人，同一件事，同样在

---

❶ 截至2023年8月，贾峰的微博粉丝数量达到了25万。

假日，"从第一篇到第四篇，阅读量涨了 84 倍！分别为 7736 人次、3.1 万人次、9.5 万人次和 64 万人次"。

贾峰微博词云图

原因何在？贾峰进行了分析：首先，城市自行车道路基础设施的改善，是一个受网民关注的话题，人们乐见事情的进展；其次，时任北京市市长陈吉宁，在一年时间里，连续 4 次在假期里骑车调研，这种工作态度受到了网民的称赞；最后，叙事风格和文章结构也发生了变化。

在阅读量达到 64 万的这篇微博中，贾峰用 600 字的篇幅，从市长骑车问政，谈到一年来城市交通的改善，再引用骑行数据表明一种绿色出行的趋势正在形成；最后，提出倡议，期待更多人加入骑行队伍，还不忘强调安全保障问题，以及 @巴松狼王、公众环境马军、何继江能源转型等其他网络大咖，扩大影响力。

2020 年 12 月 9 日，贾峰在微博中对骑行传播实验进行了阶段性总结，同时也阐述了未来的计划：

记载了 9 个月我绿色骑行的过程，感悟和数据，也获得网友热情的围观，有一半以上的微博阅读量过万。成为本人开展绿色骑行新媒体传播的一次实验。此外，微博也促使我发起"生活方式绿色化"全民行动，计划用 5 年时间把衣食住行绿色化推广到全国地级以上城市。后者，又成为一个行为实验。

30 年前选择骑行，是"被迫"；
30 年后选择骑行，是"二次选择"

7 月的一天，贾峰从北四环骑车去国贸南的庆丰公园，为一周后即将在这里举行的"生活方式绿色化"之骑行让生活更美好——公众体验活动做准备。十几公里的路，就像一条时光隧道，让过去 30 多年的光影再现。

30 年前的秋冬季，下班后从西直门内南小街到东三环的亮马公寓讲中文课，选择骑行，是为了省钱。30 年后，选择骑行，是为了省时，比开车的同事快 20 分钟，还减污降碳。

"不像过去，骑车的人收入都很低，开车证明你有钱；现在汽车成了最普通的交通工具，而自行车也比过去有了很大的技术进步。"贾峰说，"这个时候你会发现，你面临着二次选择，也就是说卸下经济和技术压力之后重新进行自主选择，这个时候你可能会做出更理性、更客观的选择。"

在贾峰身边，就有这样一群人，他们自主选择了骑行，并且成立了一支队伍——MEE 骑行协会。目前，这支队伍有骑友百余人。打开骑友微信群，那里总是激情澎湃，相互鼓励的氛围很足。这支队伍曾经创造了骑行距离北京排名第 5、全国排名第 79 的骑行纪录，这让贾峰感到"好骄傲，好自豪"。

"桃柳映岸"的通惠河畔

贾峰的女儿为父亲精心订制的生日蛋糕,承载了对父亲满满的爱。自行车、头盔、眼镜等骑行装备,参考了父亲平时在社交媒体上发的照片。在蛋糕上,还标记了父亲每天骑行的必经道路

此外,贾峰还发现,生态环境部骑行的人多了,车棚装不下,增加了 25% 的(已经扩建了一倍)面积;部里也成立了骑行协会,部领导要求各个单位对骑行人数进行统计,还评奖评优。再看北京,北京市交通委员会的数据显示,2022 年,中心城区慢行出行比例达 49%,创近 10 年新高,市民慢行出行意愿持续提升,自行车回归城市。2022 年上半年,北京市互联网租赁自行车骑行量达 4.86 亿人次,日均骑行量为 270 万人次,同比增长 16%,共享单车已成为广大市民解决出行"最后一公里"问题的重要交通工具,更多市民愿意选择骑行方式出行、通勤[1]。放眼全国,艾媒咨询数据显示,共享单车已成为国人出行的重要交通工具。2016 年以来,共享单车的用户呈不断上升的趋势,2020 年受疫情影响有所回落,但用户规模仍有 2.53 亿人。[2]

2021 年,中国共享单车用户规模达 3 亿人,平均骑行时长为 9.9 分钟,人均年减碳 43.3 千克,同比增加 13.1 千克[3]。这些现象和数据让贾峰对全民绿色出行的未来充满信心。

[1] 我市举行"牵手文明 绿色同行"骑行美好主题活动. 北京市交通委员会, 2023-07-06. http://jtw.beijing.gov.cn/xxgk/xwfbh/202307/t20230706_3156685.html.
[2] iiMedia Research (艾媒咨询).共享单车行业数据分析:2021年中国73.5%用户短途出行选择共享单车. 艾媒网, 2021-07-21. https://www.iimedia.cn/.
[3] 智研咨询. 2021年中国共享单车(共享电单车)骑行距离、骑行时长、年减碳量及夜间骑行占比分析. 智研咨询, 2022-11-03. https://www.chyxx.com/industry/1128760.html.

贾峰在微博中写道:

生活方式绿色化已进入天时地利人和的新时代。这不,一不留神高德地图骑行选项增加了不少内容,比如行程结束后显示碳减排数量。这样骑行者不仅较开车人节省了时间,还为减缓气候变化做了自己点滴的贡献……入秋以来,车速稳步提升,并非有真风助力,全是甲风骑车健身之效。怎么样,骑行上路吧!

这一年的元旦,贾峰对过去一年的骑行实验进行总结,重要数据包括年骑行距离约 5000 公里,减碳 1.5 吨;发布骑行微博超过 200 篇,阅读量超过 900 万人次。夜幕降临的时候,贾峰又忍不住骑上爱车"考察"了一次路面,并录制了一篇视频骑行日记。告别去年,迎接新一年,一个轻快的身影,"嗖嗖"超越了一道道车流,倍显"优越"。

碳足迹计算工具

1. 碳足迹(Carbon footprint)

Carbonfootprint.com 是计算碳排放量的最广泛使用的工具之一。该网站为个人、小型企业等提供单独的计算器。该计算器还可以显示你所在的国家 / 地区的平均碳足迹,以及应对气候变化的全球目标。

2. 联合国碳足迹计算器(UN Carbon Footprint Calculator)

无论居住在哪个国家 / 地区,联合国的碳足迹计算器可以为你提供一个标准的碳足迹计算工具。填写家庭、交通和生活方式类别的详细信息,计算器会显示碳足迹结果以及你所在国家 / 地区的平均水平和世界平均水平。

3. Terrapass

Carbon Footprint Calculator | Individual, Business & Events (terrapass. com) 是一款使用起来相对简单的碳足迹计算器，填写私家车、公共交通、航班和家庭能源等信息，就可以计算出你的碳足迹，并且它还会告诉你需要种多少棵树才能抵消这些碳排放。

4. 高德地图、百度地图 App

2020 年 9 月 8 日，北京市交通委员会、北京市生态环境局联合高德地图等平台共同启动"MaaS 出行 绿动全城"行动，基于北京交通绿色出行一体化服务平台（简称北京 MaaS 平台）推出"绿色出行—碳普惠"激励措施，鼓励市民参与绿色出行。

北京市民选择公交、地铁、自行车、步行等绿色出行方式出行时，通过高德地图、百度地图 App 绑定"绿色出行—碳普惠"账号，即可在行程结束后获得相应的碳减排能量，累积碳减排能量，则可参与公益性活动，也可兑换公共交通优惠券、购物代金券、视频会员等多样化礼品。❶

---

❶ 今起"绿色出行"有奖励！碳能量可兑换公交地铁优惠券等. 北京日报客户端, 2020-09-08.

■ 本篇人物

贾峰，生态环境部宣传教育中心创始主任、首席专家、二级研究员、《世界环境》杂志原社长兼总编辑；北京大学环境科学与工程学院兼职教授、第九届高等学校优秀成果奖评审专家、生态环境部骑行协会会长、世界自然保护联盟（IUCN）教育传播委员会委员、中国新闻周刊"首席低碳传播官"。

从事生态环保工作 35 年，多次任世界银行、亚开行咨询专家，曾任中美环境法治项目负责人、中国环境与发展国际合作委员会"公众参与的媒体与传播政策"研究项目中方组长，是环境教育与传播、环境影视编导、信息公开和公众参与、低碳经济与气候转型、环境社会风险化解、环境法治、企业社会责任等领域的知名专家。2002 年被评为全国科普工作先进工作者；自 2004 年起在北京大学、清华大学主讲"环境技术的市场化"课程，是国内高校有关气候变化的最早课程之一，获 2008 年度北京大学教学成果一等奖。2012 年入选中组部"全国干部教育培训师资库"，多次为中央和国家机关司局级干部选学班和地方党委中心组集体学习授课。连续多年为中国干部网络学院录制有关生态文明辅导讲座。

策划导演的十集电视片《为了地球的明天》和百集系列片《环境保护与可持续发展》分获第二、第三届中国出版政府奖。

采写｜欧阳海燕
编辑｜王妍

汤蓓佳：
以全新眼光打量熟悉的世界

这是汤蓓佳（老汤）亲身践行『零废弃』的第八年，她已逐渐厘清这个理念的真相：尽管囊括日常生活中包括衣食住行在内的种种细节，但归根到底是倡导人们认识自己的真正需要，减少过度需求，简化、可持续、负责任地生活。

『我们在倡导的一切，不过是在用心生活而已。』汤蓓佳不喜欢被贴上『环保主义』的标签。在她看来，零废弃其实也不需要刻意坚持，这些发自内心的欣喜和成就感是给予自己行动的最好回馈。

从某种意义上说，『零废弃』更像是一种发现自我的生活哲学——从自我出发，以一种全新的眼光重构熟悉的世界，更多地脱离了物质的束缚、世俗看法的绑架，真正活成自己想要的样子。

　　汤蓓佳（老汤）有一个梦想中的家：书桌是当地的木匠朋友手工制作的，闲置的草帽用来做灯罩竟然意外得文艺，就连食物也是——本地农场里的白菜、自己做的豆腐、自己酿的米酒、泡菜……她被自己所喜爱的物品包围，随便一指就可以说出来历：铁壶是二手群里淘的，隔热垫则是用闲置的布头亲手缝制的。

　　这看上去好像与我们目前的生活相悖：在这样一个鼓励消费的年代，只要花并不算太多的钱，点点手机，所需的一切物品就能送到门口。但是，"我真正需要的是什么？要多少？如何以更负责任的方式得到？"——这反而是汤蓓佳常常反问自己的话。

　　这是亲身践行"零废弃"的第八年，汤蓓佳已逐渐厘清这个理念的真相：尽管囊括日常生活中包括衣食住行在内的种种细节，但归根到底是倡导人们认识自己的真正所需，减少过度需求，简化、可持续、负责任地生活。这是"以全新的眼光来打量过去熟悉的世界，通过模仿实践，逐步建立起新的生活价值观和消费习惯"的过程，对她来说尚且漫长、有趣并极富挑战，但她乐在其中。

汤蓓佳的家

汤蓓佳和她的"装备"

源头减量：谁为『丢弃习惯』买单？

　　绝大多数"零废弃"实践者都有一个看似"奇怪"的开头：翻垃圾。

　　汤蓓佳就是这样开始的。那是 2016 年 9 月，她在公司吃完外卖，午休时被网上刷屏的一则帖子吸引了："90 后美国女孩把自己 2 年的生活垃圾减少到可以只装进一个 350ml 的罐子里。""两年垃圾"和"350ml 罐子"之差，让她和大多数人一样感到震撼——"整个颠覆了我对环保的苦行僧印象，原来做环保可以这么有趣，还这么美。"但也仅此而已；与帖中的部分评论一样，她认为与国内相比，美国在垃圾回收再利用等环保方面做得更好，所以实践起来更为简单。

　　这同时让汤蓓佳开始反思自己的生活和消费习惯，开始好奇自己一天会产生多少垃圾。第二天她就用照片做了记录：中午的外卖、下班买的菜，还有晚上取的快递。"为什么人家两年才这么点，我这一天就已经这么多了。"简单整理后她发现，自己的垃圾

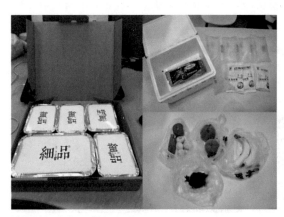

汤蓓佳拍下来的一日垃圾

有很多都是一次性的：一次性的饭盒、一次性的塑料袋、一次性的泡沫箱。

事实上，留心观察不难发现，我们的生活充斥着各种"方便快捷"的产物——一次性塑料用品：塑料袋、咖啡杯、饮料瓶、纸巾、餐具、吸管、保鲜膜等。住建部、塑料协会、中国工程院等相关机构数据显示，我国人均生活垃圾每日清运量平均水平为 1.1 千克左右，其中塑料垃圾质量占比为 12.1%，仅次于厨余垃圾，位列第二。[1]它们在我们手里短暂停留，然后便被丢进垃圾桶。反观我们对它们的态度，却往往"很嫌弃"，即便是自己扔的垃圾也恨不得马上"切断关系"。

那么有一个问题不可避免：我们的垃圾去哪儿了？

你可能会立刻回答：垃圾回收！可现实是，由于综合回收复用率低、循环再生体系未有效建立等原因，包装垃圾的总体回收率估计还不足 20%，快递垃圾中胶带和塑料的实际回收率不到 10%。经济合作与发展组织数据显示，2019 年全球塑料制品用量约为 4.6 亿吨，相比 20 年前翻番；塑料垃圾数量也几乎翻番，超过 3.5 亿吨，其中只有不到 10% 得到回收利用。而每年与塑料制品相关的温室气体排放量在 20 亿吨左右，约占人类排放温室气体的 3%。[2]

可怕的是，这些"用过即弃"的海量一次性塑料制品并不会凭空消失，而是会继续留存在自然环境中，长达几个世纪。联合国贸易和发展会议发布的《2023 年贸易和环境回顾》报告显示，每年大约有 1100 万吨塑料流入海洋；据估算，塑料垃圾每年导致超过 100 万只海鸟和 10 万多头海洋哺乳动物死亡；如污染态势不止，到 2050 年，海洋里的塑料垃圾总重量将可能超过鱼类……[3]塑料垃圾的数量之多、分布范围之广、影响之大令人警惕。

如何才能有效地减少垃圾的产生呢？ 21 世纪，"零废弃"（Zero Waste）的环保生活方式在美国兴起。在"零废弃"的理念中，需要被填埋、焚烧、倾倒的东西才是"垃圾"。也就是说，并不是说每个家庭或个人绝对不制造任何垃圾，而是可以通过合理的循环体系让废弃物重新成为生产原料或养分，将"垃圾"变为"资源"，不再需要被送往垃圾填埋场、焚烧场或随意倾倒在自然环境中。比如，厨余垃圾就可以通过堆肥的方式变成肥料后重归大自然——它包括循环利用，但又超越了循环利用。

① 废塑料化学回收产业发展报告二：市场篇. 科茂化学回收研究院. 中国环境, 2022-03-08. http://res.cenews.com.cn/hjw/news.html?aid=234317.
② 经合组织：全球塑料制品产量40年内要涨近两倍.新华网, 2022-06-04. http://www.news.cn/2022-06/04/c_1211653145.html.
③ 世界海洋日|守护这片蓝.新华网, 2023-06-08. https://new.qq.com/rain/a/20230608A0574000.

从线性经济到循环经济

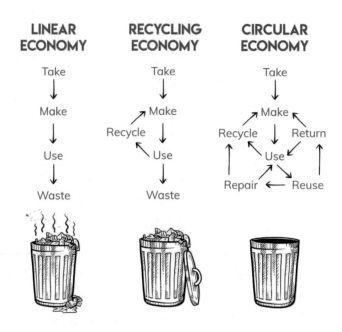

图片来源：Alex Chapman. (2019, July 17) NatureLink and the Circular Economy.

Take：取材
Make：制造
Use：使用
Recycle：循环再生
Return：回收
Repair：修理
Reuse：再利用
Waste：废弃
Linear Economy：线性经济
Recycling Economy：循环经济
Circular Economy：循环经济

Recycling Economy 和 Circular Economy 的区别在于，Recycling（循环再生）始于产品生命周期的末端，而 Circular Economy（循环经济）则是从一开始就避免浪费和污染的产生。发展循环经济可以有效减少产品的加工和制造步骤，延长材料和产品生命周期，提升产品的碳封存能力，减少由于开采原材料、原材料初加工、产品废弃处理和重新生产所造成的能源消耗和二氧化碳排放。

　　针对全球泛滥的塑料污染，"零废弃"提出了解决问题的根本之道——从源头减少。被《纽约时报》称为"零废弃生活传教士"的 Bea Johnson 在她的书 Zero Waste Home 中提出了实现"零废弃"的 5R 原则：Refuse（拒绝）、Reduce（减少）、Reuse（再利用）、Recycle（循环再生）、Rot（堆肥）。其中的两条，即"拒绝"和"减少"其实都是在倡导从源头减少一次性物品的使用。

找到合适的替代工具，消除对一次性用品的依赖

　　汤蓓佳的第一个改变就是自备购物袋。改用纯棉布袋购买蔬果后，她惊喜地发现，这样不仅可以杜绝买菜过程中产生的塑料袋，棉布的透气性也很适合保存蔬果，回家直接放进冰箱，再也不用担心菜叶在塑料袋里腐烂了。如今，经过长期的摸索实践，她已经总结出了一套自己的"买菜公式"：蔬果用布袋装，湿漉漉的豆腐则装进保鲜盒，这样可以最大限度地减少塑料垃圾。

　　此外，她还发现，隐藏的塑料也不能忽视。比如，咖啡纸杯其实并不是真的"纸"杯：虽然外表是纸类，但为了防止热饮渗出，外带咖啡杯内壁往往都有一层薄薄的塑料膜，这会导致其难以回收。所以这些杯子的下场跟其他不可降解垃圾并无二致，最终都被运往垃圾填埋场，在厌氧微生物的作用下，成为温室气体甲烷的重要来源。"虽然咖啡戒不掉，一次性的杯子却可以轻松戒掉。"带上自己的杯子买咖啡，汤蓓佳获得了新奇的体验：除了在星巴克可享受立减 4 元的优惠，只要坚持 4 次还相当于减少了 1 磅（约 0.45 千克）二氧化碳的排放，很赚！

通关游戏：寻找
可持续生活最优解

　　打破"苦行僧"类的环保刻板印象，汤蓓佳反复强调，在她心中，"零废弃"的概念绝对不是要压抑欲望，而是要给自己的欲望找到可持续的解决方案。在这种状态下，选择这种新生活方式带来的困难，对她而言倒像是乐趣十足的挑战。

　　比如，当一个秉持着"零废弃"理念的人走进洗手间，就会发现牙刷、牙线、牙膏、漱口水的包装全是塑料的。要知道，每年有 47 亿支塑料牙刷被扔进垃圾桶，足足可以绕地球 19 圈。挑战开始！汤蓓佳自制的第一件"零废弃"个人护理用品就是牙膏：将椰子油和小苏打按 3∶2 的比例混合拌匀，再装进可以重复使用的小罐子里——只需 30 秒，便可做好一罐零废弃、零污染的牙膏。如果觉得不够，还可以去中药店购买相关配比的药材磨成刷牙粉。解决问题的办法比困难多多了。

　　了解更多知识后，汤蓓佳还发现了不少消费主义"陷阱"，生活反而变得简单了。比如说，在此之前，面对超市货架上琳琅满目的清洁用品，她也会犯难：洗碗液、油烟净、洁厕灵、卫浴清洁剂、除水垢剂……每种看上去似乎都必不可少。但这些瓶瓶罐罐买回家会占据过多空间，很多放到过期都用不上几次。况且，除了包装会产生塑料垃圾之外，很多清洁剂中的化学成分对呼吸道、皮肤有刺激，对水源环境也有污染。

　　仔细研究这些不同种类的清洁剂成分表后，汤蓓佳发现它们中很多有效成分都是重合的。也就是说，或许根本不需要那么多种清洁剂，真正精简下来3种就够了——酸性清洁剂、碱性清洁剂、泡沫清洁剂。浴室的污垢主要来源于水渍，市面上常见的除水垢剂成分一般是柠檬酸，可以用来溶解水垢中的碳酸钙，所以浴室清洁剂能用弱酸性的白醋来替代；而小苏打能够将油污分解成水溶性物质并使其更易于清洁，还兼具吸附异味的功能，最适合用于厨房清洁；还有，南方一些城市路边随处可见的果实——无患子也是天然清洁剂，因其果皮中含有皂苷，能够产生清洁泡沫，并具有去油杀菌的功效，可用于洗手、洗发、洗衣等。这样不仅治好了选择恐惧症，还省下了不少零花钱！

刚刚好的清洁用品　图片来源：归真 Living

　　在"零废弃"生活的实践中，还会面临很多有趣的"算术题"：手帕真的比纸巾环保吗？每次用完都要洗岂不是更浪费水？若要评估两者的环境影响，就得从整个产品周期综合考量。10多年前国内就曾做过一项研究，2010年全国纸产品生产量为9270万吨，生产1吨纸产品的温室气体排放量大约为0.1445吨二氧化碳。按照年人均消费量4.4千克计算，每人每年使用纸巾的碳排放量大约为0.63千克。而手帕的生产过程不需要耗费太多的水电煤资源，且可以多次使用，仅需用水清洗。假设手帕每天清洗两次，每次耗水400毫升，加上所用的极少量香皂，则每人每年手帕清洗的用水量大约为292升。按照每吨水的碳排放系数为0.91千克二氧化碳计算，每人每年使用手帕的碳排放量约为0.27千克，不到使用纸巾碳排放量的一半。考虑到清洗手帕的用水还可循环利用，其碳排放可能更低。

碳排放系数是指每种能源燃烧或使用过程中单位能源所产生的碳排放数量，通常是指二氧化碳的排放系数，甲烷、氧化亚氮、全氟化物、六氟化硫等其他温室气体，一般折算成二氧化碳后再参与计算，也就是我们常说的二氧化碳当量。通过碳排放系数进行碳核算可以直接量化碳排放的数据，在碳交易市场的运行至关重要。

　　最终能源消费种类包括煤炭、汽油、柴油、天然气、煤油、燃料油、原油、电力和焦炭九大类。计算碳排放量时必须转换为标准统计量，参照《中国能源统计年鉴》给出具体换算方法，各种能源的碳排放系数分别为：煤炭为 0.7476t 碳 /t 标准煤、汽油为 0.5532 t 碳 /t 标准煤、柴油为 0.5913t 碳 /t 标准煤、天然气为 0.4479t 碳 /t 标准煤、煤油为 0.3416t 碳 /t 标准煤、燃料油为 0.6176t 碳 /t 标准煤、原油为 0.5854t 碳 /t 标准煤、电力为 2.2132t 碳 /t 标准煤、焦炭为 0.1128t 碳 /t 标准煤。

　　这些有趣的挑战体现在生活的方方面面：购买进口和反季节食材的碳足迹太大？可以每周去本地的菜市场和有机市集购买食材；塑料包装太难回收和降解？那就去寻找散装的杂粮、面包，灌装天然的护肤品，或者干脆自己 DIY（do-it-yourself，自己动手）；买新衣服会造成新污染？她尝试了 1331 胶囊衣橱，挑战了 13 件衣服穿 31 天。"通过这一年的实践，我的亲身体会是，'零废弃'并不是一项宏大的工程，而是由日常生活中一个个小小的习惯和选择组成的。当迈出第一步，后面的事其实很简单。"

　　在实践"零废弃"一年之际，汤蓓佳在 GoZeroWaste 微信公众号上分享了《21 天零垃圾生活养成手册》，从第一天写"垃圾日记"开始，到体验断舍离、赶集、"放飞"生理期……号召大家从垃圾桶出发，全面审视自己的生活，在衣食住行的方方面面探索自己真正的需求。"垃圾减量是我们的切入点，但这仅仅是一个开始。这份手册不是模板，只是生活的其中一种可能。"

此举吸引了许多志同道合的小伙伴一起"升级打怪"，他们发起了很多线上线下有趣的活动："7天垃圾挑战"直观地呈现每天会扔多少垃圾，"7天不叫外卖挑战"减少了4000多个一次性外卖包装，"旧物新生"二手交换每个月让几千件衣服找到新的主人，"一年零购衣行动"倡导更负责的消费行为，等等。他们还一起举办了零废弃音乐节、零废弃野餐、零废弃春节等一系列好玩的挑战活动。

零废弃野餐

不过，比起"零废弃"中"零"的理想目标，汤蓓佳依然更关注面对生活放松的状态，"可能有时候在咖啡厅，我们出杯子的速度没有超过别人拿杯子的速度，那也没关系，产生了就产生了。"她说，没有必要把自己束缚在这个人设中，"'零废弃'，不是关于'零'，也不是关于'垃圾'。'零废弃'生活，重点应划在'生活'。我并不喜欢被贴上'环保主义'的标签，我们在倡导的一切，不过是在用心生活而已。"在汤蓓佳看来，追求一点点垃圾都不产生的完美"零废弃生活"，会导致心灵和生活的负担，得不偿失。

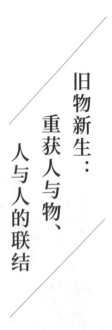

旧物新生：
重获人与物、
人与人的联结

最近几年，断舍离、极简主义大行其道，很多人不再迷恋"买买买"，转而迷上了"扔扔扔"。但将闲置不用的物品清出家门，有时却并不一定是一件快事，很多人常常对此感到愧疚和纠结，觉得扔掉它们很可惜。

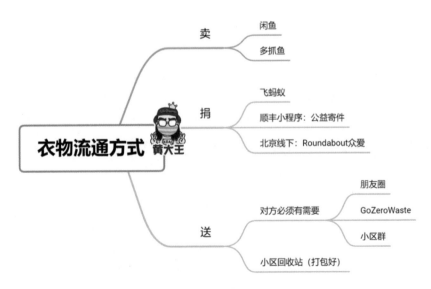

图片来源：生活整理师、GoZeroWaste 北京站群友黄大王。

南京"旧物新生"现场

　　事实上，决定不再持有的物品不是只有"被扔掉"这一个选项。换个角度想，很多时候并不是物品本身失去了价值，只是原主人的需求变了，人与物不再匹配了。与其将物品打碎回炉，不如给物品自由，重新匹配到需要它的人。这样通过"流通"做到物尽其用，不仅可以减少很多"垃圾"，还能重获人与物、人与人之间的连接。

　　意识到这一点后，汤蓓佳在GoZeroWaste搭建了物品流动平台——"旧物新生"，倡导用交换代替购买，负责任地为家中的闲置物品找到新主人。在新冠疫情开始前，这项闲置物品交换活动每月会定期举办，参加活动的朋友将家中的闲置物品带到现场，大家便可按需拿取。剩余的物品会捐赠给慈善商店，真正做到物尽其用。

　　带到现场的物品，有的承载着感情却不再被需要，有的陪伴了主人某个阶段的成长，有的则是由于主人被消费主义迷惑而购买，是"旧物新生"赋予了它们第二次生命。比如，一盒可爱又俏皮的头绳本属于刚结束中考的女孩，据她介绍，它们大部分都是当年从姐姐那里"继承"下来，3年过去已经不再需要，最后它们被跟随父母一起来的三位小姑娘欢欢喜喜地挑走了。还有一件起球的毛衣，因为主人曾经穿着它拍过一张非常好看的照片，承载了很多美好的回忆，一直不舍得扔掉，最后它被一个闲置毛线志愿小组拆成了毛线，打算织成几顶帽子寄给藏区的孩子们……在"旧物新生"，类似的故事不胜枚举。

　　撕掉物品的"商品"标签，"旧物新生"让人们更多地从"我是否需要"的角度看待，重新审视一件物品真正的价值。正因如此，汤蓓佳说："在我们的活动现场，无论是得到物品的伙伴，还是送出物品的伙伴，都会洋溢着一脸幸福离开。"在这里，每件物品的价值都是浮动的，带来的人可能觉得它不仅没有价值，还占地方，换到的人却常常有眼前一亮的惊喜。汤蓓佳也先后在交换活动中用一根全新的牙刷换到了几乎全新的摩卡壶，用一支全新的口红换到了梦寐以求的磨豆机，达成了"zero waste coffee"的目标。

不仅如此，汤蓓佳还说，旧物新生的美妙之处除了为物品找到新主人，还在于人与人之间建立起了真实的纽带——这份连接，在当下显得格外珍贵。即便在新冠疫情期间线下面对面活动无法举行的情况下，Zero Waste 社群中线上的物物交换仍在进行。这种本地 Zero Waste 社群的活跃与连结，鼓励了更多人以积极的行动选择对环境更友善的生活方式。

受此启发，群友朱静成为打造"零废弃社区"的践行者。她不仅是零活实验室杭州站负责人，同时也是浙江大学环境工程博士，不断探索可持续的过程中，她发现，不少居民家中闲置物品堆积，不仅占用不少空间、影响家庭整洁，还延长了整理打扫的时间。然而，这个家庭的闲置品往往可能是另一个家庭的需要。

于是，在 2020 年世界环境日那天，朱静在她生活的小区里建立了一个"旧物新生可持续生活社群"，试图通过线上线下邻里间闲置物品的互换活动，近距离地解决双方需求，推广"以交换代替部分购买"的绿色消费观念。建群的半年多时间里，陆陆续续有 90 多位邻居加入，在此过程中，即便是一盆薄荷、一本书，都成为邻里关系的敲门砖，离共建有趣有爱的绿色可持续社区更进了一步。

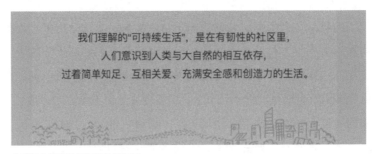

我们理解的"可持续生活"，是在有韧性的社区里，
人们意识到人类与大自然的相互依存，
过着简单知足、互相关爱、充满安全感和创造力的生活。

朱静建立的可持续生活社群愿景

"'零废弃'为大家提供了更多元的选择。"汤蓓佳强调，生活本身没有高低对错之分，"零废弃"只是呈现了其中一种生活的可能性，或许能给大家的改变创造一些灵感，"如果有的话，我们的目的就达到了。"

认知真我：
是真的需要吗？

春夏秋冬的衣服加起来不到 60 件，6 年来只买了三件新衣服，很多衣服都是二手的，更加在意衣服是不是天然材质，更注重通过衣服传递自己的价值观——这是汤蓓佳现在的生活。不过或许很难想象，几年前的她完全是另一种状态。

汤蓓佳也曾有过迷茫，工作虽然不错，但她一直知道这不是自己想要的生活，却也不知道自己想要的生活究竟是什么样子。那时的她喜欢标新立异，热衷于淘特别的玩意儿，"我不太喜欢跟别人一样，所以想要用特殊的物品来代表我自己，希望自己买的东西所象征的标签能带来安全感"。最夸张的时候，她每个星期都会买一件衣服，"其实很多衣服都是买回来试穿了一下，或者穿了一次，觉得也没有那么好看就放着"。然后等到下一次换季的时候再断舍离，把不穿的衣服捐掉，有了空位再继续买，周而复始。

是"零废弃"把她从那种盲目被他人左右的生活中解脱出来。汤蓓佳逐渐了解到，漂亮衣服背后其实并不"光鲜"——与早前的棉毛丝麻衣服不同，如今很多衣服都是由化纤制成的，属于复合材料，没有办法降解。中国资源综合利用协会的一项数据显示，我国每年大约有 2600 万吨旧衣服被扔进垃圾桶，再利用率不到 1%，绝大多数旧衣服都没有被重新加工或者进行无害化处理。除了造成更多温室气体排放以及产生大量垃圾外，纺织生产也需耗费大量的能源和水，生产一件 T 恤需要的 2700 升水足以满足一个人 2.5 年的饮水需求，更不用说全球清洁水源的污染中还有约 20%

来自纺织生产。

而关于旧衣回收的真相是，它们大多漂洋过海被送去其他国家二次销售，其他的多会被送去城市几百公里外的垃圾场填埋或焚烧，能被送去做公益的占比非常小，进入绿色可循环体系的更是凤毛麟角。以飞蚂蚁、白鲸鱼的旧衣回收为例，旧衣服去向一般有 3 个：环保再生、转送山区（多为小孩冬装）、旧衣出口（仅夏装）。结合飞蚂蚁 2018 年的数据可见，市面上大多被回收的旧衣，走的是"环保再生"这条路——产品被拆解回材料，再投入下一轮生产，且多数回收为降级回收——再生材料多用于农业保温、建筑填充材料，变回纺织品的只是少数。

环保再生
（约占75%）将可以用于再生的旧衣物交给再生工厂，加工成农业工业材料

公益捐赠
（约占10%）将符合捐赠标准的衣物将进行清洗消毒，捐赠到有需要的贫困山区

旧衣出口
（约占15%）将较新的、质量较好的夏装经过清洗消毒，交给外贸公司出口到非洲

旧衣回收三去向　图片来源:飞蚂蚁官方网站

拆解、重建、降级，其中的能源、材料损耗是必要的吗？这让汤蓓佳以一种全新的眼光来打量这个熟悉的世界："现在我看一个物品会看到它的前世今生：原料、生产、包装、运输，包括最后的垃圾处理。我会去评估产品的整个生命周期。"每当换季收拾衣柜的时候，她开始扪心自问：自己为什么会买这样的衣服？需不需要这么多的衣服？

后来，将闲置衣服做处理的同时，她在购买新衣服时也变得特别谨慎，"虽然每次看到好看的衣服还是有想买的冲动，但是会先把它放到购物车里，然后问自己：是真的需要吗？我有没有可以替换它的现有的衣服呢？我不买它又会怎样？这么一问，就会发现自己真的不需要。"

在消费主义大行的时代，如果没有清晰而强大的自我认知，很多时候可能会被带跑，离真实的内心越来越远。"'零废弃'其实是一条自我探索的路，是在通过垃圾了解自己的生活状态。"汤蓓佳说，在这个过程中，可以分析哪些欲望是可以做减法的，学会区分需求和欲望，时时问问自己：这真的是我想要的吗？只有通过不断地练习从欲望中剥离出来，才能找到真实的自己。

　　"摆脱物欲之后的快乐，很多人都有体会。"汤蓓佳说，这是"一种很轻松的自由"，当不需要五花八门的衣服来占领时间和空间，就有了精力去做更有意义的事情，生活因此变得更加轻盈。"其实'零废弃'并不需要刻意坚持，这些发自内心的欣喜和成就感就是最好的回馈。"

　　"零废弃"不但改变了汤蓓佳自己的生活，也在潜移默化地改变着她身边的人：因为发现妻子心情更好，家里也更整洁，汤蓓佳的先生从一开始的"这么麻烦啊"逐渐成为她分享会的忠实后勤。不仅如此，将这些代表"普通人"的经历分享到网上，她也影响了越来越多的陌生人，"遇到你，我的生活发生了很多变化"是她在平台分享自己的经历后，最常听到的一句话。

　　高三学生萱萱：Zero Waste 给我紧张的高三生活带来了很多乐趣。这些零垃圾的小小尝试，让我在题海之外找到了极大的成就感。

　　上海站群友羊绒：120 天不买衣服，让我自信又自由。

　　长沙小分队群友瑶阿瑶：一次又一次不完美的尝试让我学会了更多的环保生活小tips，遇到了许多真诚向善的朋友，我的环保理念也越发坚定，更让我慢慢开始关注内在，从内心去接纳不完美的自己。

　　苏州小队长、互联网设计师郭小禅：直到遇到零垃圾生活，我才真正落地了。通过践行零垃圾生活，之前所有的探索、所有的理念一下子全融入了生活，这时候才发现自己的生活真正成了一种可持续的生活。

　　…… ……

　　零活实验室已成立 7 个全国社群和 22 个城市小分队，类似的改变几乎每天都在发生。

刚刚好的夏日衣橱

用好『消费』这张选票，选择有态度地生活

在"零废弃"宣传的过程中，难免会有一些误解。比如，"零废弃"是否意味着要和消费一刀两断？汤蓓佳说，"零废弃"不是提倡大家都要节衣缩食、反对消费，反而认为消费是有力量的，"我反对的是消费主义"。

其实，"零废弃"倡导的是一种更理性的消费观——不是不买东西，而是要负责任地买，选择优质的物品，"这样我们可以通过尽可能延长一件物品的使用寿命的角度，尽量减少它对环境的影响"。进一步讲，消费者不应该被消费主义裹挟，而是要有意识、有态度地消费，"得知道自己在为什么消费，用消费在支持什么，在反对什么"。

经过多年的实践，汤蓓佳将自己旧有的消费结构进行了重构，她选择将更多预算倾向支持更环保、更可持续的商家。举例来说，2019 年去日本旅行的时候，她在日本第一家公平贸易小店购买了一件开衫，这家店倡导减少中间环节、缩短层层供应链、将更多利益支持生产者或制作者。2022 年冬天，已经 3 年没买新衣服的她，将省下的钱购买了一件牦牛绒的披肩，这件衣服的原料来自藏区，由牧民采集自然脱落的牦牛绒制成，并不会伤害牦牛本身。

"作为消费者，我们花出去的每一张钞票都是一张选票。"汤蓓佳说，如果每个人在购买时都更留心衣物标签，都更关注商品的生产过程和材料来源，做出对自然低消耗低污染的选择，那么就会有更多品牌被这股力量推动，去用心寻找对环境更友善的替代方案。

而在生活中，除购置高品质的物品外，将以前买衣服的钱节省下来，平常还能吃到更安全、更健康的食物，"吃得健康，也能让地球更健康"。比如，每周去本地的农场和农夫市集购买食材，汤蓓佳既享受了时令的鲜活，也减少了大棚种植反季水果和长途运输造成的能耗。"当你爱上新鲜天然的蔬果，便会慢慢远离那些令你发胖的零食，同时还能降低因食品加工和包装产生的碳排放。"

农夫市集所倡导的"创建安全可持续的食物体系和生活方式"的理念，与"零废弃"不谋而合。与大多数菜市场里的菜贩子不同，这里由农户将种植的食物亲手传递给消费者，如果自己带着瓶子、饭盒来散打食物，很多摊位还会提供优惠。农夫市集上还有手工艺品制作、手作护肤品等有趣的活动。

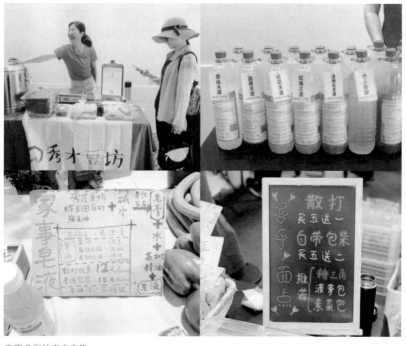

丰富多彩的农夫市集

汤蓓佳在农夫市集

"我吃的食物是谁种的？""他是哪里人？""今年收成怎么样？"这些好奇心都能在农夫市集上满足。对于汤蓓佳而言，每次去赶集，除了买买买，最开心的莫过于和商户们聊聊天，一来二去也都成了朋友。"有时间还可以去农场帮忙种地，了解农户的日常生活，看看餐桌上的食物究竟是怎么种出来的。"有趣极了！

如今，每到一座城市，逛当地的农夫市集成为汤蓓佳最期待的事。"奢侈品店里的名牌包包无法为城市代言，只有充满各种音调、颜色和味道的市井，才是这座城市最真实的样子。"比如在成都的生活市集上，摊主会用当地新鲜的芭蕉叶和粽叶作为食物包装，丢弃后可以在自然环境中分解，创意又环保。

尽管 Zero Waste 表面上看是在减少生活中各种类型的垃圾，但从某种意义而言，"零废弃"更像是一种发现自我的生活哲学。"生活对我来讲是一个很灵动的词，它没有框架，也没有所谓的模版，它可能以 1000 种、10000 种的形态展示在你的面前。"如今，不再以普世价值观来定义生活，汤蓓佳将自己称作"不断探索生活可能性的人"，从自我出发，以一种全新的眼光重构熟悉的世界，她更多地脱离了物质的束缚、世俗的绑架，真正活成了自己想要的样子。

21 天零垃圾生活养成手册

Day1（第一天）：写一篇"垃圾日记"

有两种记录方式可供选择：

1. 准备一个袋子，把今天所有的干垃圾（食物和厕所的垃圾除外）都放进袋子里，一天结束后，把所有垃圾拿出来拍张照。

2. 如果不方便把垃圾背着走，那就在每次扔垃圾的时候，用纸或手机记录下来。

Day2（第二天）：带上自己的购物袋

1. 带上可重复使用的购物袋。

2. 准备一些棉布袋。棉布袋的用途简直多得说不完：装蔬菜、装水果、装面包、装大米、装干果、装薯片……总之，你必须拥有！

3. 把袋子放在门口，每次出门的时候都能看到。

Day3（第三天）：10 分钟快手断舍离

1. 先问问自己：我希望居住在一个怎样的空间里？什么样的物品会让我心情愉悦？

2. 从小处入手，只花 10 分钟。

   只整理一个角落，可以是冰箱、橱柜、药箱、书柜……任何一个你觉得需要整理但又迟迟没行动的地方。

   设置好 10 分钟的定时闹钟，开始动手吧！

   闹钟响了就停。虽然 10 分钟不会把你家变成极简风，但也是个值得庆祝的开始！然后，明天再花 10 分钟，后天再花 10 分钟，改变不就是这样一步步发生的吗？

3. 看着这些被清出来物品，问问自己：

   它们是什么时候被我带回家的？当时为什么会买？用了几次？为什么不用？这些物品从原料采购到生产到运输到消费，再到今天的丢弃，是否都消耗了资源？

4. 为以后的"买买买"定下游戏规则：

   1 进 1 出或 1 进 N 出：物品总量只能减少或持平 / 选择更持久的优质产品 / 敢不敢玩 30 天不入实物。

Day4（第四天）：看一部环保主题纪录片

《洪水泛滥之前》、《真实的成本》、《家园》、《地球脉动》第二季、《逐冰之旅》、《奶牛阴谋》、《零冲击生活》、《明天》……

Day5（第五天）：带上自己的杯子

用自己的杯子，既健康又环保，还能彰显自己的独特品位，何乐而不为？出门旅行时，在机场、车站都能轻松找到饮水处。很多餐厅和咖啡厅（如星巴克）也可以提供饮用水，只要礼貌地把杯子递过去就可以啦！

Day6（第六天）：减少食物浪费

对于个人和家庭，可以从以下几个方面减少食物浪费：

1. 理性购物：根据饮食计划制定购物清单，避免冲动购买不必要的食物。
2. 不嫌弃丑果：很多蔬果仅仅因为大小、形状或颜色不规范而被丢弃！虽然长样奇特，但其实口感和营养价值并没有差别。
3. 妥善保存食材，延长可食用时间，并按"先进先出"的原则依次使用。
4. 外出用餐时只点适量的菜，并使用自带容器将剩菜剩饭打包。
5. 实在无法再次利用的食材，请进行堆肥。尽量避免将食物倒入垃圾填埋场，这样会产生大量甲烷。

Day7（第七天）：放飞自我的生理期

一次性卫生巾可以用月亮杯、水洗卫生棉、生理期内裤3种神器来替代。

Day8（第八天）：好好刷牙，好好爱地球

1. 牙膏。
（1）制作：椰子油和小苏打按3∶2的比例混合拌匀。不过，还有更省事的方法，连椰子油都省了，直接用牙刷蘸着小苏打就搞定了。另外，群友鱼戏鱼珠分享的中药牙粉也值得一试：大青盐15克、生石膏15克、骨碎补12克、花椒5克、白芷5克、细辛5克、防风8克、薄荷叶8克、旱墨莲8克，去药店按比例打成细粉。
（2）购买无包装。
（3）普通牙膏。
　　如果只能去超市买普通牙膏，没关系，也可以选择更环保的产品——不含塑料微珠的牙膏。
化妆品和个人护理产品中发现的微珠成分，最常见的是：

　　—聚乙烯 Polyethylene / Polythene（PE）

　　—聚丙烯 Polypropylene（PP）

　　—聚对苯二甲酸乙二醇酯 Polyethylene terephthalate（PET）

　　—聚四氟乙烯聚甲基丙烯酸甲酯 Polymethyl methacrylate（PMMA）

　　—尼龙 Nylon

2. 几种对环境比较友好的牙刷选择：马毛牙刷、树枝牙刷、可更换刷头的牙刷……

3. 牙线。

没有一款牙线适合 Vegan Zero Waster（纯素零活者），因为目前所有不含尼龙的环保牙线都是蚕丝材质的。其中最优的选择当属 Dental Lace：材质为蚕丝＋小烛树蜡，包装为玻璃罐＋金属盖＋纸盒，有替换装。退而求其次，还有以下几个方案不妨一试：从不穿的丝绸衣服上抽出丝线、头发、针线盒里的普通棉线（如果裹上一层蜡效果可能会更好）。

4. 漱口水：韩国烧酒 240 毫升（原方为伏特加，高度数白酒应该都可以）＋八角 1 颗＋茴香一小把＋薄荷叶几片（原方为薄荷精油几滴）泡上一个半月后，取适当分量，按 1：8 的比例用纯净水稀释即可使用。

Day9（第九天）：来呀，一起赶集呀！

爱上农夫市集的六大理由：自然农法种植的蔬菜、用食物联结彼此、轻松实现零垃圾购物、本地购物、缩短食物里程。

农夫市集还会不定期举办各种有温度、有态度的活动：二手交换、DIY 工作坊、主题分享会等。

Day10（第十天）：轻轻地，我们去旅行

精简的衣服、鞋子、洗漱包，加上部分 ZeroWaste 装备：有机纯棉布袋、蜂蜡膜（一次性塑料保鲜膜的替代品，可以很好地锁住水分）、饭盒、水杯、餐具、手帕……

Day11（第十一天）：天然无负担的清洁用品

1. 白醋。

用途：浴室清洁剂，除水渍皂渍。

（1）清洁镜柜玻璃、洗手台、浴缸、水龙头——自制白醋清洁剂：将白醋和温水以 1：3 的比例混合，可灌装喷瓶中喷洒于污垢处或用毛巾沾取擦拭，用干毛巾擦干。

（2）清洁花洒——在北京水质比较硬，花洒的出水口总会堵塞。将醋加入热水中，浸泡花洒。定期这样清理一下，让出水口保持通畅。

（3）清洁马桶——直接将少许白醋倒入马桶，稍等片刻让醋酸反应，然后用马桶刷刷刷刷，白醋溶解污垢的同时还兼具消毒杀菌的功能。

2. 小苏打。

用途：厨房清洁剂，除油污异味。

（1）清洁厨房电器、橱柜、台面、墙砖——自制小苏打清洁剂：将30克小苏打溶于500毫升温水中，灌装喷瓶喷洒于污垢处或用毛巾沾取擦拭，用清水再抹一遍即可。

（2）清洁锅底油污、杯子茶渍——自制小苏打清洁膏：根据用量取小苏打和水以2：1的比例混合，制成小苏打膏，用刷子沾取打磨（碱性比较强最好避免直接接触皮肤）。

（3）除橱柜、冰箱异味——在橱柜、冰箱里放一小碟小苏打粉，吸附除味的效果很棒。

3. 无患子。

用途：万能的天然皂液，除油脂污渍，可与白醋或小苏打混合使用。

将无患子去核，取厚实的果皮晒干，可直接置于纱布袋或起泡网中揉搓出泡，或水煮制成皂液使用。

Day12（第十二天）：不叫外卖，好好吃饭

亲自下厨、餐厅吃饭，或者你还可以尝试"7天不叫外卖挑战"。

Day13（第十三天）：新挑食主义：少肉多蔬食

"周一不吃肉"（Meatless Monday）是一项兴起于2003年的全球性运动，已在40多个国家广泛推行。Meatless Monday号召大家每周一天，远离肉食！

Day14（第十四天）：一张纸也不浪费

1. 这些纸，可以不用。

办公用纸、纸杯、纸巾（用手帕代替）、厨房用纸（用抹布代替）、购物纸袋（自带购物袋或饭盒）、名片（用手机拍照）、发票（选择电子发票）、登机牌（使用电子登机牌）。

2. 这些纸，有更好的选择。

笔记本（使用再生纸笔记本）、厕纸（100%原生木浆纸，还有用秸秆、竹纤维和再生纸制成的厕纸可供选择）、有生命的纸（这种用废弃棉布

制成并在生产过程中加入种子的纸，不用扔进垃圾桶）。

3. 书籍。

爱看书怎么办？看电子书呀！还是喜欢纸质书？可以去图书馆借书，也可以购买二手书（二手交易平台：渔书/多抓鱼/孔夫子旧书网），还可以通过闲置交换把看过的书分享给别人。

4. 选择 FSC 认证。

FSC（Forest Stewardship Council 森林管理委员会）是全球最严格的森林认证体系，FSC 标签表明该产品来自负责任管理的森林。从纸巾到书籍再到化妆品包装，选择 FSC 认证的产品，就意味着你在以实际行动帮助改善工人的健康和安全状况、保护生物多样性、保护濒危物种甚至影响了森林政策！

5. 分类回收。

对废弃纸张进行简单分类（一定要做到干湿分离），交给废品站或放在垃圾桶旁边让拾荒者捡走，可以让它们循环再生。

Day15（第十五天）：朋友圈的断舍离

1. 屏蔽没有养分的朋友圈。

2. 这个群或公众号能否给我滋养，如果不能请果断退群或取关。

3. 定期回顾。

Day16（第十六天）：负责任地"扔扔扔"

1. 二手交换、转赠。

（1）朋友圈吆喝。拍照、发圈、当面交货，很简单！

（2）加入闲置物品交换群。最好是同城，能减少快递。也可以自己建一个小群，把身边的朋友拉到一起，好物共享。

（3）参加线下二手交换活动，如 GoZeroWaste 的"旧物新生"。

2. 回收平台。

（1）综合类：心互惠或众爱慈善商店。

（2）衣服类：京东公益、飞蚂蚁、宝贝爱蓝天 & 发光公社、发光公社。

（3）书籍类：多抓鱼（卖书）、渔书（捐书）。

（4）电子产品类：爱回收、京东回收、绿色倡议的 WE Project 等。

Day17（第十七天）：打造心动衣橱

1.Shop Your Own Closet（买我所需）。

每件被你带回家的衣服，当初都有令你心动的理由。不妨把现有的衣柜当作一间服装店，带着全新的眼光去挑选，说不定那堆被遗忘在角落的衣服又能让你眼前一亮。

2. 延长衣服的寿命。

（1）细心地呵护打理，温柔地对待每一件衣服。

（2）为不再合身的衣服找个新主人，线上交换平台、精准捐衣、线下交换活动等。

3. 负责任地消费。

在掏出手机打开购物 App 或是一头扎进满眼"打折"的品牌商店之前，先冷静一下问自己几个问题：

（1）我真的需要一件新衣服吗？真的需要吗？为什么？

（2）我真的需要一件"新"衣服吗？是不是可以通过二手交换或二手买卖获得？

（3）是否可以选择对环境负责的品牌和对环境影响较小的面料？

（4）是否可以选择更优质的产品？除了纠结单价，更应该考虑的是 CPW（cost per wear，单次穿着成本）。一件质量上乘、款式经典的衣服也许可以陪你好多年，而一件 99 元还包邮的连衣裙可能短暂的夏天过后就被扔掉了，摊下来到底哪个更贵呢？

Day18（第十八天）：没有塑料袋的冰箱

食物储存的方法：棉布袋、饭盒、网兜、玻璃罐、玻璃瓶、蜂蜡膜、布、硅胶碗盖……

Day19（第十九天）：优雅地玩转一块手帕

吃完饭擦嘴、洗完手擦手、热了擦汗、哭了擦泪，这些只能算是手帕的基本打开方式。但只要你脑洞足够大，便可以分分钟解锁手帕的隐藏功能：随手买面包、包餐具、送礼物、凹造型……

不一定非得买新的。用不上的 T 恤、衬衫、睡衣、被套、枕套都可以剪成合适的大小当手帕用。在材质上，建议选择纯棉、有机棉、亚麻，吸水性强，轻薄易干。

Day20（第二十天）：懒人版护肤及彩妆大法

有一些零难度的厨房护肤彩妆配方供大家参考，比如用可可粉和肉桂粉毫无违和地代替大地色眼影和眉粉，比如用芦荟、黄瓜、柠檬等材料自制纯天然面膜等等。

Day21（第二十一天，最终回）：拥抱一个全新的自己

非常简单的两个小任务：

1. 写一篇垃圾日记。

让我们回到这一切开始的地方——垃圾桶。和 Day1 写"垃圾日记"一样，再次记录一天中产生的所有干垃圾，并与第一天对比，观察这 21 天里最切实的改变：垃圾变少了。

2. 感受生活的变化。

除了垃圾桶瘦身了，生活状态上有没有一些变化呢？比如，经过 Day3 的"10分钟快手断舍离"，在决定物品的去留时没那么纠结了？比如，在 Day5"带上自己的杯子"的实践中，拿出自己的杯子买咖啡感觉特别良好？知道我们为什么出发，也要知道我们走过了怎样的路。最后一天，就让我们慢下来，用心感受一下这 21 天带来的奇妙改变吧……

资料来源：GoZeroWaste 公众号

■ **本篇人物**

汤蓓佳（老汤），零废弃生活方式实践者、零活实验室发起人。

零活实验室（GoZeroWaste），即"零废弃"生活方式实验室，是国内最具影响力的零废弃生活方式社群平台。GoZeroWaste 已成立 7 个全国社群和 22 个城市小分队，致力于用轻松愉快的方式帮助更多人开启可持续生活之路，通过一系列活动与工作坊向公众倡导可持续生活的理念，并鼓励大家采取积极的行动，选择对环境更友善的生活方式。

采写 | 白志敏
编辑 | 王妍

有机农夫：
关爱食物，从农夫市集开始

在有机农夫市集上，农友不仅可以与消费者面对面，告诉他们农产品的种植过程，交流选种、堆肥等经验，还可以分享过程中的喜怒哀乐、失败与成长。在这个场域中，农产品不再是冷冰冰的商品，消费者能够感受到产品的温度。食材的生产者们与赶集的顾客们不仅是买和卖的关系，更像是朋友与亲人之间的关怀。

「消费不单能满足生活的需求和欲望，也可以借此参与公共事务，解决社会问题。消费者可以通过反思和学习，改变环境、需求和供给，构建出新的经济模式，让消费成为可持续发展的起点。」

每周六，北京香格里拉饭店旁的中式花园就会变身为一场"流动的盛宴"。许多农友携带新鲜的果蔬和农副产品来到这里摆摊，同时城里的消费者也会带上自己的购物袋前来购物、品尝美食和聊天。在这里，购物袋、饭盒和水杯被集友们亲切地称为"赶集三宝"，消失已久的"散打"文化也得以重现：各种杂粮、干货都能零买，顾客也会自带旧瓶子购买环保洗洁精、洗手液和沐浴液等液体产品。

这是一个特别的场域，社会结构十分多元，从普通农户到城市返乡青年，消费者群体也包括明星、海归、全职妈妈、学生和退休老人等各行各业的人士。每周，市集会在微博和微信公众号上公布赶集的地点和时间。到了"赶集日"，人们相聚在这里，情同重要约会。

市集的特殊之处在于，这里所售卖的农副产品全部来自遵循生态种植理念的小农户手中。其中有生态农业圈里大神级别存在的张志敏、曾经的农资经销商李技栋、农学院毕业的"疯狂农夫"王鑫、跑到北京用自然农法种了10年地的上海人贤空……"在市集上，消费者与食品的生产者面对面，听他们讲述、品尝他们生产的食物，从彼此陌生变成相熟的老朋友。"北京有机农夫市集的召集人、食通社创办人常天乐说。

一直以来，食物以最朴素的方式将我们与大自然联系在一起。但你可曾想过：一日三餐，这一生要吃多少顿饭？食物究竟是什么？可曾真正了解它？在来到我们的餐盘前，食物经历了怎样的旅途？离开餐盘后，它们又去往何方？事到如今，我们还面临着食物最根本的问题——它安全吗？

城市中的消费者大多远离土地，不了解农业，对食品的来源和生产过程也一无所知。事实上，我们不仅依赖食物所构成的生态系统，同时还通过消费影响着农业的生产和销售。如今，人们生产和消费食物的方式存在诸多问题，不但没有完全消除世界人口的饥饿困境，而且面临着越来越多的来自资源、环境、生态等方面的挑战。在农夫市集上，以生产者、组织者、消费者为代表的绿色先锋通过共同体的形式出现，正探索并践行着食物流通体系的另一种解决或替代方案。

找回食物的本真本味

　　在北京有机农夫市集的摊位上，菠菜、空心菜、紫苏叶、苹果等应季蔬菜摆放整齐，看起来与传统菜市场并无二致——是一个买菜卖菜的地方。然而，经过了解就会发现，市集上每个种类的商品都有独特的地方：苹果是天福园经过窖藏后的伏苹果，蔬菜都是有机种植的，肉类来自生态养殖的牲畜，工艺品是手工制作的，酒是用传统草药酒曲古法酿制的，面包是由天然酵母发酵后制成的……

　　"可以生吃！还这么甜！""发现这里很惊喜，吃到了小时候在农村奶奶家的味道"——来这里的消费者互称为"集友"，大都被这里的美味征服。

　　市集上卖菜的农友大多来自北京郊区和临近的河北，他们通常前一天或当天凌晨摘好菜，清晨出发赶到市集，等到下午集市结束时再返程。除了二三十家亲自来赶集的京郊农友和本地手工作坊外，市集的接待处也会帮无法前来的外地农友销售水果、干货、零食等本地农友不生产的食材。

　　与超市不同，市集上本地的应季食品居多，每个季节都有"明星产品"：春天，有天福园的野菜；夏天，有沃翠源的西瓜、一墩青的西红柿；到了秋天，有天福园的蟠桃、悟博苑的贝贝南瓜、快乐返乡青年的土豆；冬天到来后，有溪青农场的胡萝卜，小柳树家的芋头和菠菜。"通过市集能感受到四季的流转。""在得知每种食材并不会一直存在时，心里便会更珍惜当下与当季食材相遇的时刻"，有的集友因此爱上了用应季的食材做饭，"不时不食"。

对于熟悉农夫市集的集友们来说，市集是一座城市的烟火气。"市集是个有情感的地方，这在北京尤为奢侈，很珍贵。"作为有机农夫市集的常客，Monica认为市集是一座城市的精髓，代表了一座城市的气质，每逢外地朋友来京时，她都会带朋友们来逛集、打卡。

除了有机、环保、健康、安全，有机农夫市集上的产品和普通市集、超市销售的产品有何不同？

1.农产品真正可追溯。大部分农产品由生产者直接销售，或者由与生产者直接合作的代理机构销售，中间不超过一个环节。

2.本地生产、本地销售。除非本地不生产同类同质的产品，否则市集不销售长途运输甚至进口产品。

3.生产和消费直接对接，强调贸易公平，双方经济利益最大化。

4.加工食品标识所有原料，不使用非必需的化学添加剂。

5.包装简单、环保，从源头减少垃圾。

有机农业：一门『向自然讨生活』的学问

　　在农夫市集，除了口味外，还有一个绕不开的话题——价格。市集上比市场价高 2 ~ 3 倍售价的商品让不少人望而却步，例如溪青农场的农场主王鑫卖的草莓就令不少人"过目不忘"，100 元一盒，"实在太贵了！"

　　市集的"有机食品"是如何产出的？

　　在普遍定义中，有机农业指在农产品种植过程中，遵循自然规律和生物学原理，采取一系列可持续发展的农业技术维持农业生态系统良性循环的农业生产形式。与普通农业种植相比，有机农业在农资使用、农业技术、管理体制 3 个方面有所差别。

　　在中国，有机农业采取认证制，按照规定，"有机食品"指的是根据《有机产品认证管理办法》的规定，获得了有机认证的产品。但现实情况是，有机认证流程烦琐、费用较高，一部分自愿采用更为生态的方式进行耕作的农民没有能力承担，也有一部分农民对有机认证体系持谨慎态度。

有机农业与普通农业种植过程中的差别

比较项	有机产品	绿色产品	无公害产品	普通产品
认证标准	有机标准	绿色标准	无公害标准	无
化学合成农药	○	◕	●	●
化学合成化肥	○	◐	●	●
激素	○	◐	●	●
农残	○	◕	◕	●
转基因	○	●	●	●

● 食品安全标准　　◕ 微小限量　　◐ 限量　　◕ 较大限量　　○ 禁止

实际上，有机农业领域有自然农法、朴门永续、活力农耕和生物动力等众多门派，目前没有对"有机农业"统一的正式定义。但不管是哪种农法，共通之处都是不使用化学投入品，并且重视土壤。土壤是食物系统的基础，只有土壤健康，作物才健康有韧性。

因此，土壤通常是从事生态农业的新农人们面临的第一个挑战。2018年，农场主贤空租下了北京城郊的40亩地，取名为"空空谷"。这里地处燕山山脉东端浅山区，是平原和山区的过渡地带，地块顺着山势，景观不错，坡地的落差还可以避免洪涝的风险。美中不足的是农场的土是黏土，易板结，耕作阻力大，不利于植株出苗和生长。2019年，贤空开始尝试小范围种植，结果不太理想，他索性就养了3年土地，任杂草生长、虫鸟聚集，借此恢复土壤的结构，涵养生态。

如今的空空谷

不同于现代农业种植造成的土壤板结，健康的土壤应该是一个活性的、动态的生态系统，富含大大小小有机体——它们发挥着众多至关重要的功能：不仅可以将死亡的、衰败的物质及矿物质转换成植物所需的养分，还可以有效控制植物病害、昆虫和田间害虫，影响保湿能力及肥力。

以大田为主、采用机械化操作的绿我农场的农场主大黑则在知识分享平台"食通社"上分享了另一种办法——为让原本板结的土壤逐渐松软，可以采用一套基于澳洲活力农耕的、以土壤的活力修复和强化为根本的精细化管理方式。"主流的铧犁、旋耕机、圆盘耙等以粉碎、切削土壤为工作方法的农机，会对土壤造成较严重的破坏，尤其是高速操作时，过度使用旋耕机也会使土壤粉末化，一旦土壤结构遭到破坏，就需要再次花费额外的时间精力才能修复。"

食通社

　　可持续食物与农业知识、信息和写作社区，由一群长期从事农业和食物实践及研究的伙伴们共同发起和管理。伙伴们相信，只有让消费者了解食物的来源，为生态农业从业者创造一个公平公正的市场和社会环境，食物体系才能做到健康、美味、可持续。

在考量农场各项条件之后，大黑根据澳洲活力农耕的独创保护性农机设计进行轻量化、小型化改良，成功地制造出了适合多个尺度土地的保护性深松犁——它一改以往铧犁对土壤的"翻转"动作，会首先"撬动"土壤，再通过后缀的无动力镇压轮破碎土块，这样最大限度地避免了土壤粉末化，同时对土地伤害程度也极低。

大黑在试验第二代保护性深松犁　图片来源：食通社公众号

　　经过 3 年的探索，绿我农场的土壤健康状况肉眼可见：不同于化学农地的土壤板结和经旋耕机破坏结构后的粉末化、松散，绿我农场的大多数土壤团粒结构明显。如此一来，土壤结构下种出来的作物自然根系茂密、强韧，颜色鲜亮且直立性强。

土壤状态对比　图片来源：食通社公众号

小麦拔珠及根系对比　图片来源：食通社公众号

　　改良后的土壤种植出的作物更加强韧，具备应对灾害的能力。比如，2017 年夏收小麦之前，关中地区因为连续多日强降雨、大风，造成小麦普遍大面积倒伏，而绿我农场倒伏面积仅占整体面积的不到 5%。

小麦倒伏对比　图片来源：食通社公众号

　　农场管理是门学问。除健康的土地外，一座农场要持续经营、稳定供货，还必须仰赖精密的生产计划。在生产计划的制订过程中，则有赖农人对于农场环境、设施、温度、湿度、日照，以及作物生长特性等诸多面向的掌握，一点也马虎不得。

　　生态农场尤其如此。若只种植一两种作物，在不能使用农药的前提下，一旦遇到病虫害，很可能全军覆没，因此多样化种植是很多农人抵御风险的重要方法。"虫子喜欢吃这种菜，不一定喜欢吃那种菜。但是即使吃掉了10种，又能怎样呢？我还有90多种可以卖。"贤空的话很实在，在他看来，只有采用单一大面积种植的人才会觉得虫害是个问题。

　　大规模病虫害的风险通过多样化种植被规避了，但同时也意味着需要投入更多的人力物力进行精耕细作。就王鑫种植的草莓而言，他曾在食通社上分享过自己摸索出的一套精细化的管理方法，那就是将每个步骤都严格测量并记录下来。每天一大早，王鑫到棚里的第一件事就是例常检查6000多株草莓的生长情况，日常管理也包括开风口、浇水、摘老叶、观察病虫害等情况，全程查完大概需要两个多小时。

　　不仅如此，每个农作物的生长周期也不同，农民需要结合作物特性对农期进行精细的把控。就草莓而言，温度积累得越快，成熟的周期越短。北京在冬天光照不充分的情况下，草莓六七十天就会成熟，如果光照充分，时间可以缩短到50多天。为控制花期，采用大棚种植的农民通常通过掀开和撂下棚上覆盖的棉帘子的时间来控制棚内的温度和光照。与其他农民仅凭种植经验不同，王鑫会详细记录每天的温度和光照时间，同时随时观察草莓的生长状况，详细记录草莓关键生长过程的时间节点。

即便大规模病虫害的风险能够被多样性种植规避，但病虫害一旦发生，就会严重影响产量，这仍然是所有农民最害怕遇到的事。对此，每位农人也摸索出了各自的解决办法。王鑫在食通社的采访中表示，他用一种结实的、透水透气的黑色无纺布袋子做隔离，袋中50公斤的自制种植土一般可以种8株草莓，一旦植株发生病害，便可以将整袋土移走隔离，避免病菌的快速传播，其缺点是即便可以重复使用，成本也相对较高。

三和雨顺农场李技栋则在食通社"食农分享会"上分享了自己研究出的蔬菜和玉米套种的种植方式，那就是同时播种6行蔬菜和2行玉米——这样可以不使用任何农药，靠各种植物的相辅相成控制病虫害，同时可以充分利用光合作用，用蔬菜代替野菜的生长空间，产出更多农作物。比如，他在水萝卜根下种了香菜，香菜的左下角还种了一株生菜。"这是因为香菜的特殊味道可以驱虫，而生菜的口感远比香菜和水萝卜的更好，这样可以引诱虫子去吃生菜，给我留下香菜和水萝卜。"他说，其实从播种的那天起，就没想过要收获生菜，最后却意外发现这种种植效果非常好。

生态农业是在向自然讨生活，受环境和气候影响极大，需要根据实际情况和农场

草莓生长过程　从左至右依次为现蕾、出花剑、开花、授粉坐果、膨大、透色、成熟。据王鑫观察，这个过程从8月开始，算上花芽分化，要经历150天　图片来源：食通社公众号

玉米套种　图片来源：食通社公众号

自身条件制订合适的方案，其中会遇到各种各样的问题。经验往往并不能完全复制，极其考验农人的智慧。就草莓而言，雾霾严重时，光照强度降低，作物的光合作用减弱，植株生长缓慢，生长周期就会变长，王鑫在食通社的采访中介绍，本来养殖的蜜蜂会在温度高于 13 摄氏度时外出授粉，弱光照会导致蜜蜂活动减缓，授粉不足也会产生畸形果。李技栋也在分享会中称，2021 年 7 月他曾遇到经营农场十几年来最严重的积水，雨水的浸泡导致其玉米田之间套种蔬菜的菜心腐烂，损失了 20000 多斤。为此，第二年雨季来临前，他在农场周边开挖了一条总体积约 470 立方米的蓄水沟。

严重积水导致的蔬菜腐烂　图片来源：食通社公众号

　　经过不断试验，王鑫终于种出了人人赞不绝口的草莓，甜度很高。他认为这种"成功"与管理方式密切相关：好的草莓不光是要甜，还要具备芳香，芳香气的培养涉及醛和酚。醛在什么条件下可以生成？用什么样的氨基酸才能生长出这个味道？这些都在种植上有讲究。"草莓是管理密集型作物。把管理做得足够精细化，它就会给你不同的口味回报。"

　　但农业生产投入并非一蹴而就，对于农民而言，维持农场的可持续发展是一场持久战，有赖新农人勤奋不懈地学习知识、培养能力、累积经验与更新技术才能获得成长。2021 年 8 月，李技栋在食通社"食农分享会"上表示："我用了 12 年的时间，虽然没有赚到大钱，但是证明了一件事——不用农药，不用化肥，照样可以种好地。"

赶集: 用食物联结生产者与消费者

地里套种的白菜和玉米已经长得很高了。为了保住玉米, 李技栋必须把白菜拔下来卖掉。但由于销售能力不足, 他只能把卖不掉的白菜拔下来盖在地表上, 让它以这种方式回归土地。"这都是我晚上偷着干的, 怕别人看到。"他说, 这是生产上的成功, 销售上的失败。

很多农民都对李技栋在分享会上的遭遇感同身受。在食通社的采访中, 王鑫透露, 即便是经过不断摸索改进后种出的草莓, 也没能逃脱滞销的命运: 5000 斤草莓只卖出 2000 多斤。贤空在北京延庆区永宁镇的农场, 起初也面临产能过剩的问题, 无奈之下, 他不得不找商超拓展渠道。然而, 农场在商超面前几乎没有议价权, 不仅价格被压缩到 4 折以下, 还需要等待结算才能回款, "虽然没想着赚钱, 但也没想到会赔得那么惨"。

2010 年 9 月, 一群住在北京胡同里的国际艺术家发起了第一次北京有机农夫市集, 邀请了天福园、小毛驴市民农园、国仁绿色联盟等当时北京为数不多的几家有机农场与消费者面对面。"那是一场关于食物的行为艺术。"常天乐说, 起初市集在艺术空间里举办, 艺术家们脑洞大开, 为蔬菜"念经""开光"。观看的人也多以看热闹为主, 购买的少之又少。

当时的常天乐在一家从事可持续食物和农业的国际公益机构担任项目官员, 正研究"替代性食物体系", 希望找到一种不同于传统商业体系下的买卖关系。

在纽约留学时, 她就常到农夫市集上赶集, 那里买卖东西的都是熟人, 亲切、随性、简单、健康的市集氛围令她念念不忘。很快, 她就加入了北京农夫市集团队,

常天乐在北京有机农夫市集

成为第一批志愿者。

此后，"为艺术而生"的北京有机农夫市集并未结束，大家携手将京郊进行有机生产的农夫们组织起来，市集又办了第二次、第三次、第四次……艺术家们搬离北京后，常天乐放弃了月薪丰厚的外资机构工作，全身心地投入市集，以存款作为后备资金，无薪支撑整个市集的组织工作，坚持了 3 年。

市集的声名鹊起，吸引了越来越多农友的加入。"天福园"是市集资历最深的成员，也是北京最老牌的生物多样性农场，是生态农业圈里大神级别的存在。从 2001 年初开始，农场主张志敏在房山区良乡江村租借了 150 多亩（约 10 万平方米）做"土地中生命的管理者"。在《新京报》的采访中，可一窥她此前光鲜的身份——20 世纪 70 年代恢复高考后的首批大学生，曾经的外交官，到访过四大洲 30 多个国家，曾作为高级国际商务师签下中国开放农产品市场的最初订单并助力中国加入世界贸易组织。然而，她的人生轨迹被一场大病改变以后，身体只能接受纯天然的蔬菜。于是，她离开北京二环内的家，到良乡改造出了一个有生态系统功能的生物多样性农庄。她常挂在口中的一句话是，"农业是人和自然合作，共同管理生命的艺术"。

李技栋曾在分享会上透露，自己曾是农资经销商，主要批发农药、化肥、种子，因为长期在农田和农户之间行走，发现农业生产中有很多不安全因素。2009 年，他承包了糯米庄村的 70 亩地，目的很纯粹——吃到自然生长的食物。

此外，食通社分享的农夫故事中，还有毕业于北京农学院园林植物专业的王鑫，2011 年，他厌倦了对着电脑的重复劳动，从设计院辞职后转种草莓；80 后上海人贤空则是从医疗行业转行种地的，他开玩笑说，"因为觉得开拖拉机很酷"；原本想拍纪录片的东北小伙子金鹏离开城市，在大兴安岭采山货，带着文学小说去到古源，为了能在古源养活自己，开始用不破坏森林、可持续的方式采山……

"农夫市集这种模式适合小规模、亲力亲为、多样化生产的生产者。"常天乐表示，因为市集是他们联结消费者最直接的方式，消费者对生产者的兴趣最高，对产品的包容性也很高。市集将实践有机理念的小农户召集起来，联结消费者和生产者，既帮助生产者打开销路，也满足了消费者的需求。

"几年下来发现，生态农产品销售的核心目标是解决消费者的信任问题。"齐民生态农场的吴云龙在食通社平台上分享了自己的心得。他认为，虽然信任的构建是非常困难的，但一旦建构起来，往往就是相对稳定的，北京有机农夫市集正可以作为小农接触新人的切入口。在市集上，农友不仅可以与消费者面对面，告诉他们农产品的种植过程，交流选种、堆肥等经验，还可以分享过程中的喜怒与哀乐、失败与成长。

在这个场域中，农产品不再是冷冰冰的商品，消费者能够感受到产品的温度。食材的生产者们与赶集的顾客们不仅是买和卖的关系，更像是朋友与亲人之间的关怀。"市集像一个温暖的大家庭。"这是市集上的农友们最爱说的一句话。

从 2010 年创始至今，北京有机农夫市集已经从最初京郊的几户农户发展到 100 多家，遍布全国，包含种植、养殖、传统手工艺、农产品再加工等不同类型摊位，赶集人数从最初的单场 100 多人到 4000 多人。市集也脱离了最初几年财务上捉襟见肘、靠志愿者无偿服务运转的窘境。

创办之初，市集先后得到全球绿色资助基金（Global Greengrants Fund，GGF）、阿拉善 SEE 生态协会、香港社区伙伴（Partnerships for Community Development，PCD）和香港乐施会等公益组织几万元到 20 万元的资助，但很快就走上了自我造血的社会企业道路。

据常天乐介绍，市集一方面会向赶集的农户收取额度不高的摊位费，另一方面也会在市集接待处帮助外地农友代卖农产品，通过社区店还可以创造持续营收，目前已经基本实现了自给自足。为坚守独立运作，市集拒绝了商业企业给出的六位数以上的大额资助意向。即便在使用商业企业提供的免费场地时，也是在双方认同理念下相互受益的合作伙伴关系。

如今，"农夫市集"的形式从北京星火燎原到全国 10 多个城市，有近 20 个定期举办的农夫市集：在广州，志愿者于 2011 年建立了城乡互助公益平台——城乡汇；2013 年，由 10 多家关注生态农业以及可持续生活的机构或个人发起了"南宁都市农墟"；从 2014 年 3 月开始，"成都生活市集"每月举办一次，"倡导友善环境和人的生产生活方式"……

消费者参与，共建『替代性食物流通体系』

事实上，对于自产自销、强调从农场到餐桌的农场来说，还有一个问题困扰着他们：如何抓住消费者在不同季节的消费需求和偏好？只有在理解这个问题的基础上，农场才能调节生产计划，生存下来。

齐民生态农场曾经在河北定兴有 100 亩的规模，不仅种植蔬菜，水果玉米、铁皮柿子、草莓等高糖、高品质的有机水果，而且主杂粮小麦、玉米、小米、高粱、菜籽、多种豆类产品都有所涉及。农场主吴云龙在食通社上分享了自己在市集销售过程中的困惑："很多情况下是大家需要的我们产不出来，而大家不需要的我们产了一大堆。"他说，每年农场都需要在温室和露地上做全品类周年生产计划，复盘时常常发现消费者需求和农场生产间存在着错配。此后，他才逐渐意识到，市集上的消费者对产品的选择过程，其实是农户理解消费者偏好的好机会：分析这个过程，对农场每年制订的生产计划有非常大的指导意义。

基于此，齐民生态农场将生产计划分为两部分，其中一部分生产适应集友们的消费需求，"大家什么季节喜欢吃什么菜，我们多种一点"。比如，生菜和沙拉类蔬菜在夏天卖得很好，一直断货，但是到了温度低的秋冬季节，需求量就会大大下降。除此之外，吴云龙也会利用自己的专业知识，站在集友的角度思考问题，挖掘其隐性需求，向更健康的方向引导。比如，现代人常常由于熬夜等原因而容易体寒，农场会适当地多种些性温的芥菜类, 引导大家吃得更健康合理。

"在市集上跟集友的交流, 其实是一个相互适应和影响的过程。" 吴云龙说。因此, 除了通过赶集和消费者面对面交流外, 他还鼓励会员们亲自到农场参观, 毕竟实地考察时的讨论也很有帮助。

事实上, 在有机农夫市集中, 消费者与生产者的关系, 已不再是简单的买卖关系, 而是与市集的组织方一道, 组成了建构 "替代性食物流通体系" 的共同体。

就生态环境而言, 自 20 世纪工业化种植、养殖模式诞生以来, 农业技术革新给人类带来巨大产量收益的同时, 这种单一化生产的规模经济所存在的风险和不可持续性也暴露得越来越明显。

其实, 常规农业生产, 尤其是依赖高投入的所谓现代农业生产, 消耗了大量化石能源, 是温室气体排放的主要来源, 因而也成为导致雾霾以及全球气候变化的主要因素之一。这一方面由于农业机械化的发展带来直接的能源消耗, 另一方面生产、运输化肥、农药、机械设备等农业投入品也间接消耗了大量能源。其中尤以化肥消耗的能源为最, 因为生产化肥的原料, 尤其是氮肥的主要原料就是煤炭、天然气和石油等化石能源。在中国, 每年生产化肥这一项农资即需要消耗全国能源生产总量的 5%。不仅如此, 在施用化肥尤其是氮肥的过程中, 也会排放大量甲烷、二氧化碳等温室气体, 成为雾霾的组成部分之一。

作为曾经的农资经销商, 李技栋在分享会上分享了其长期在农田和农户之间行走了解到的真实生产状况: "比如种蔬菜, 一亩地要施 200 千克以上的化肥, 每隔 7 天要喷一次农药, 而且农药的安全间隔期很难控制。" 《中国农资》2013 年发表的期刊论文显示, 我国化肥利用率平均只有 30% ~ 35%, 磷肥利用率仅为 15% ~ 20%, 钾肥利用率也不超过 65%。每年都有大量肥分流入水体, 对环境产生了严重污染。且农药在杀病菌害虫的同时, 也增加了病虫的抗性, 杀死了有益生物及一些中性生物, 结果引起病虫更猖獗, 进而使农药用量越来越大, 使用的次数越来越多, 进入恶性循环。[1]

事实表明, 选择什么食物看似个人行为, 但现代农业的兴起, 已经严重伤害我们赖以生存的土地和环境。早在 2007 年, 联合国粮食及农业组织发布的报告即显示, 有机农业在生产过程中相较于非有机农业减少了 30%~50% 的能源投入, 而且在能源利用上更有效率。

---

[1] 石俊刚.浅谈化肥农药对环境的影响及防治措施[J].中国农资, 2013 (12) : 26.

究其原因，有机农业坚守的生产标准成为其减少能源消耗、降低温室气体排放的主要因素。有机生产方式不仅杜绝使用化肥、农药等高能耗的农业外部投入品，而且更强调农场层面内部资源的循环利用，达到自足的状态，降低农业投入成本的同时也解决了农业生产的外部性问题。在节能的同时，有机农业因为更注重提高土壤的有机质含量，所以其土壤固碳能力更强，因而可以更好地控制来自化石能源的温室气体排放，有效发挥土壤碳储存的功能。此外，大量的人力投入也是有机农业能源消耗较低的原因之一，据联合国粮食及农业组织测算，与能源密集型的农业生产方式相比，有机农业大概需要额外 1/3 的人力投入来代替化肥、农药、机械等高能耗的投入品。

在此背景下，包括农夫市集在内，社区支持农业（Community Support Agriculture，CSA）、共同购买团体、消费者合作社等多种形式的另类食农网络兴起。这些网络的共同点就是要缩短城乡间的距离，强调"永续的农作""永续的食物""在地的食物"。同时强调消费者参与，想要打破食物传统的流通体系，让消费者与生产者直接发生联系，恢复食物加强人和人之间沟通、为信任搭建桥梁的作用。

"消费不单能满足生活的需求和欲望，也可以借此参与公共事务、解决社会问题。"相关领域的研究学者万尹亮曾在食通社举办的"食学社"分享现场表示，根据发达国家的相关统计，在家庭消费种类的碳排放比例中，食物要高于衣、住、行等，占整个家庭消费碳排放的 27%——与我们平常的认知有所不同。"消费者可以通过反思和学习，改变环境、需求和供给，构建出新的经济模式，让消费成为可持续发

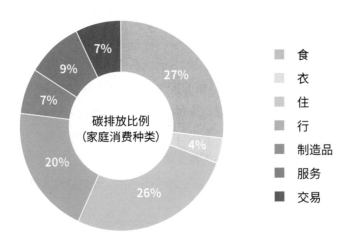

不同类型的家庭消费对全球温室气体的贡献比例
图片来源：食通社公众号 供图 / 万尹亮

展的起点。"❶

齐民生态农场即典型案例之一。组织集友去农场参观和探访的过程中，集友不仅可以了解到有机生产的具体过程和细节，打消可能存在的疑虑，而且能够直接释放需求，与农人共同探讨生产计划、定价机制等，参与到更深层次的食物生产中。

就这个意义而言，设立在三元桥的社区店"集室"不仅是日常零售商店，同时也承担了交流中心的功能。这里一半是售卖区，另一半则开辟为活动区，花费了较高的空间成本。但除了到这里买菜卖菜，消费者还可以与工作人员、生产者探讨关于有机农产品、关于农夫市集的想法。

食通社也是在这种背景下诞生的。2017 年，常天乐与她的同事们意识到，公众甚至同行对于很多议题的认知不够，单靠农夫市集也无法满足与更多公众沟通的需要，因此专门孵化了这个专注可持续食物知识分享的平台，传播全国各地的生态小农故事，共同探讨可持续食农体系的话题。

通过市集现场、社区"集室"、农场拜访、食通社、分享会等渠道，食物的生产过程、生产方法、保质情况等方面都可以做到完全透明，生产者、消费者、组织者之间也可以围绕健康、环保、公平贸易理念，对食品、有机农业的知识进行充分的交流。这种方式的互动，客观上是便于互相监督，更为关键的是大大提升了参与者之间的信任，让他们对彼此有了更多的责任感——这些构成了一种参与式保障体系（Participatory Guarantee Systems，PGS），即由其服务的农户和消费者共同创建，在信任、社会网络和知识共享的基础上，由本地利益相关者组织对生产农户进行评估的保障体系。

常天乐形容，这像是一种"群众运动式"的核查方式：每个参与市集的小农户都首先要经过市集的组织者、志愿者对其进行实地考察，消费者和农友也可以去该农户家检查，大家相互评议。虽然没有"有机认证"标签，但是通过建立 PGS，消费者与生产者之间有一种高度的信任作为联结，"这种信任是非常重要的社会资本，不仅是人际网络，也是一个互相学习、再创造的社会空间和社会情景"。

"参与到这个网络中的消费者会逐渐被改变。"万尹亮在分享会中表示，这是一个认知"延伸"的过程，他们会开始学习如何煮菜、泡咖啡、做豆腐豆花等生活知识，也会开始关注粮食自主、基因改造、公平贸易、环境气候变迁等问题。"消费者从个人饮食的消费实践出发，将会逐步延伸到生活习惯、购物习惯、娱乐习惯，

❶ 万尹亮.永续消费：无法被电商取代的社会化过程[J/OL]. "食学社"第一期，2018-05-10. https://www.douban.com/note/669944800/?_i=191 4472bEufvvJ,4340064bEufvvJ.

然后发展出相关新论述，比如我是一个生活者或者我是环保的一分子，把这些新的习惯串联起来，最终发展成一个新的生活形态。"

改变确实已在悄然发生。"市集让我现实中的生活方式与价值观更贴近了。"集友 Monica 称，市集的意义非比寻常，通过市集她不仅吃到了放心的食物，还掌握了花钱的流向，每次从市集买菜回家都有一种生活的幸福感。也有不少集友在了解到有机种植背后的不易后对食物更珍惜了，"料理时尽量不丢弃，享用时尽量不剩余"。

参加市集的农户需要符合的标准：

1. 认同有机理念，耕种过程不施化肥和农药，养殖密度合理，散养为主，不喂含抗生素和激素的饲料。

2. 独立中小规模农户。

3. 公开透明，愿意和消费者沟通其生产方式和方法（包括种子、肥料、饲料来源，防病防虫的方法，动物的生活空间和密度，是否使用大棚等信息），帮助消费者获取信息，保护消费者权益。

4. 合理规模，可持续发展和经营。

5. 具有合作精神，愿意和其他农户和消费者共同解决问题。

除农户和农产品外，其他参加有机农夫市集的机构和产品：

1. 用传统、健康的方式制作食品的作坊和企业，让消费者吃到美味、安全的食品。这些加工食品的原料未必是有机的，但是其加工过程中尽量不添加色素及各种有安全隐患的化学食品添加剂。

2. 用有机原料或者环保材料制作的日用品和百货。

3. 使用和推广本地或有机食材的餐厅、咖啡馆。

4. 推广健康、环保生活理念的社会团体、非政府组织（Non-Governmental Organizations，NGO）。

5. 食品和农业领域的社会团体、NGO。

多数人认为农夫市集仅仅是一种"替代性食物流通体系"，它注定不能服务大多数人，不能成为社会主流，是一个民间自建的食物共同体。其实，有机农业的诞生不仅可以解决人类饮食健康的问题，也可以被看作应对工业化农业模式的一种替代途径，或是一种解决方案。而另类食农团体的诞生则显示了食物的另一种可能：它们既能解决实际问题，又能串起当地资源，成为社区可持续发展的起点。

■ 本篇人物

常天乐,北京有机农夫市集召集人。先后就读于上海外国语大学国际新闻专业和纽约新校大学(New School)国际事务研究生项目。曾在《中国日报》《中国发展简报(英文版)》担任记者和编辑。2003 年作为上海首批海外志愿者服务队的成员,在老挝农村支教半年。她也曾在农业与贸易政策研究所(Institute of Argriculture and Trade Policy, IATP)负责中国项目。2010 年加入北京有机农夫市集成为志愿者。2017 年创办食通社。

北京有机农夫市集是一家以支持生态小农为首要目标的社会企业。在市集上,本地从事生态农业的小农户和制作无添加食材的手工作坊直接向消费者出售自己生产的产品。希望通过这样的方式,促进人与人之间的联结,助力本地农友、消费者和社区一起创造更加公平、健康、可持续的生活方式。

2010 年 9 月以来,北京有机农夫市集在北京几十个不同场地举办了上千场市集,参与农商户 50 余家,直接服务消费者近 100 万人次。

采写 | 白志敏
编辑 | 王妍

参考文献:

[1] Mika. 麦田里的改造大师,他把种地变成花式炫技 [J/OL]. 食通社 Foodthink,2018-03-12.
https://mp.weixin.qq.com/s/Om1eT246C9nQe8GnHrQD-A.

[2] 食通君. "疯狂农夫" 王鑫:草莓好吃,全靠技术 | 农友故事集 [J/OL]. 食通社 Foodthink,2017-12-11.
https://mp.weixin.qq.com/s/QYTwonefUfx_c_E3BRumOQ.

[3] 李技栋. 我的食物我做主,自然生长的蔬菜最靠谱 [J/OL]. 食通社 Foodthink,2021-09-06.
https://mp.weixin.qq.com/s/CEoDgn_xQJK_tiDiUGvHHg.

[4] 田杰雄. 北京唯一的生物多样性农庄还能留多久?[N/OL] 新京报,2019-12-13.
https://www.bjnews.com.cn/feature/2019/12/13/661590.html.

[5] 吴云龙. 生态农场如何满足消费者 8 大需求 | 小农故事 [J/OL]. 食通社 Foodthink,2019-08-26.
https://mp.weixin.qq.com/s/-A8E7wv5_8sTPCBKcU8taQ.

[6] 余甜. 减少雾霾的正确姿势?支持生态农业啊![J/OL]. 食通社 Foodthink,2017-12-20.

[7] 有机农业发展研究报告 [R]. 中国工程科技知识中心,2021.
https://mp.weixin.qq.com/s/SyOFwAkzk3LwFqXVFYw6-A.

韩李李：用画笔守护自然

"我相信，这世界可以没有垃圾。"韩李李努力用自己的双手改变"废弃品"的命运，让它们不再被当成垃圾，不去破坏地球环境，不伤害其他动物。

曾经是"获奖小能手"的韩李李在接触公益后意识到，"美女雕塑师"的称号并不是自己真正想要的，自己喜欢的绘画和雕塑原来还可以"成为一种向公众传递信息的温柔话语"。

"能用自己的小小的能力向大家传递自然的美好，实在是太幸福了。"这不仅为她带来了"化腐朽为神奇"的快乐，还让她发现了发挥特长的真正意义："这才是我从小喜爱和为之拼命学习的技能最有意义的用武之地"。

韩李李有一点点"特别"。爱画画的她，从小除了用绘画表达自己，甚至不愿和陌生人沟通，只有在画画的时候，"一切紧张和烦恼都不见了，非常开心自在、安心和满足"。

2007 年生日那天，韩李李画了一只小兔子陪伴自己，为它取名"阿拉兔"。阿拉兔单纯、可爱、迷糊、轻度语言障碍、中度嗜睡、高度路盲，真诚、实在又傻乎乎，常常好心办傻事——简直就是世界上的另一个韩李李。多年来，阿拉兔陪伴韩李李一起成长，也陪伴公益伙伴开展项目，呼吁大家关爱动物和环境。2018 年，见证韩李李和阿拉兔 10 年环保路的绘本日志《和你在一起》出版，韩李李在书中写道：阿拉兔让这 10 年变得有意义，也改变了自己和世界的关系。

韩李李和阿拉兔

一技之长最有意义的用武之地

参与公益之前，韩李李和很多喜欢小动物的爱心人士一样，日常会关注流浪猫和流浪狗，她说："每个人都有自己想做的美好的事，有时候可能只是不知道怎么开始行动。"

韩李李和救助的流浪猫美景

虽然韩李李很早就开始关注和开展公益行动，但她有一个非常重要的"起点"是在 2010 年。一次流浪动物救助公益组织"别吃朋友"在上海做公益巡演，这个机构的创办人解征是一名原创歌手，该组织定期举办动物保护演唱会，团队会以拒绝皮草、拒绝动物表演、关爱城市动物等为主题创作歌曲等，与观众进行不一样的交流。在现场做志愿者的韩李李意识到，或许每个人都可以用自己的特长做有意义的事情，"他能唱，我可以画呀"。当了解到"别吃朋友"的视觉志愿者离职时，韩李李就在微博上主动询问是否有视觉设计的需求。

参与团队的具体工作后，韩李李对动物有了更深入的了解，感触也更深了。其间，她认识了一只得了罕见病的小狗——宁宁，它天生看不到也听不到，每天都会疼得大叫。宁宁在主人准备活埋它时被救助。隔离期间，韩李李把纸箱装饰成一间"宁宁的幼儿园"，她觉得，虽然宁宁看不到，但相信它一定能感受到大家的爱。经过一个月的精心照顾，宁宁不会再因为头疼而无助大叫了，各种情况都有了明显改善。

韩李李和小狗宁宁

此后，韩李李逐渐发现，这些行动不仅帮助了更多生命，自己的艺术创作也有了全新的视角。作为一名雕塑艺术家，她也一直在思考雕塑材料是否可以有更好的选择，并开始尝试使用更多的日常废弃物做成雕塑，变废为宝。

韩李李在用废弃品做雕塑

　　不知不觉间，韩李李的想法发生了天翻地覆的变化。曾经是"获奖小能手"的她在接触公益后却意识到，"美女雕塑师"的称号并不是自己想要的，而自己喜欢的绘画和雕塑原来还可以"成为一种向公众传递信息的温柔话语"。于是，她选择停下脚步，慢慢思考并尝试使用对地球和环境更友好的材料和方式进行艺术创作。

　　"我相信，这世界可以没有垃圾"，韩李李努力用自己的双手改变"废弃品"的命运，让它们不再被当成垃圾、不去破坏地球环境、不伤害其他动物，"这种感觉太幸福了"。这不仅为她带来"化腐朽为神奇"的快乐，还让她发现了发挥特长的真正意义："这才是我从小喜爱和为之拼命学习的技能最有意义的用武之地，这比参加什么重大展览、接受什么采访，或者高价卖出去什么艺术品都要幸福无数倍。"

韩李李用回收的一次性废弃品制作的大型系列环保雕塑——看得见的诉说

参与公益还为韩李李带来了意想不到的收获。通过画笔传递罕见病知识几年后，她意外地发现自己10多岁时就因病去世的父亲得的就是罕见病，而她所参与支持的北京爱力重症肌无力罕见病关爱中心就是由和父亲一样的病友们创办的。"在父亲离开之后，我有很多年一直处在内疚和自责中，觉得自己当时没有能力帮助父亲，只能眼睁睁地看着他被病痛折磨，慢慢离开我们。"能无意中帮助到和父亲一样的病友，她格外感慨。2012年2月29日是国际罕见病日，韩李李在这一天写下了这样的话："虽然是很微小的力量……父亲知道的话，也一定会很欣慰。"

罕见病

　　罕见病是对一类患病率极低、患者总数少的疾病的统称。

　　罕见病的流行病学数据在世界范围内差异较大，世界各国对罕见病的定义各不相同。

　　美国将患病总人数低于20万的疾病定义为罕见病；欧盟将患病率低于万分之五的慢性、渐进性且危及生命的疾病定义为罕见病；日本将患者总数不超过5万人或患病率低于万分之四的疾病定义为罕见病。

　　中国罕见病管理工作处于起步阶段，罕见病流行病学数据相对缺乏，对罕见病以目录清单形式进行管理。2018年5月，国家卫健委、国家科学技术部、工业和信息化部、国家药监局与国家中医药管理局五部委联合印发了中国《第一批罕见病目录》，其中共收录121种罕见病。罕见病目录作为相关政策制定的重要参考依据，在持续动态修订增补中。

资料来源：弗若斯特沙利文，病痛挑战基金会.
2023中国罕见病行业趋势观察报告 [R]. 2023-02-25.

自从参与了公益，很多朋友都说韩李李变美了、健康了、快乐了，她也清晰地意识到自己的改变，"当我发现有那么多比我的生命还重要的事需要努力时，我的那些烦恼和疾病都变得很渺小，越来越小。甚至因为我的疏于照顾，这些烦恼和疾病都不想跟我在一起了"。

『用我的方式来帮它们表达』

不善交际的韩李李对自然有着天然的向往，她爱猫，随着保护行动的逐步深入，她发现了越来越多生命的"可爱之处"，并深刻地认识到"每个物种都是自然界非常重要的一环"。在从事公益活动的 10 多年间，韩李李创作的作品包含了鳄鱼、绿孔雀、虎鲸、月熊、貉、雪豹等多种野生动物，涉及拒绝动物表演、城市野生动物保护、栖息地保护等多个议题。

"它们不能用（人类理解的）语言表达，但可能也会需要帮助或者需要我们关注。"韩李李说，她想要用自己擅长的画笔为动物发声，"相信大多数人都不是故意要伤害它们，但我们可能没有意识到一些行为会对它们造成伤害，我想用我的方式来帮它们表达。"

当了解鳄鱼后，韩李李才知道，为使剥下来的鳄鱼皮更加柔韧有光泽，制作鳄鱼皮包前会在鳄鱼的脊髓处扎进金属棒，等它无力反抗后直接活剥鳄鱼皮。为此，鳄鱼还要经受四五个小时的痛苦，直到死去。

阿拉兔与小鳄鱼

犀牛因为有着世界上最贵的角而被不断猎杀，生存环境也在不断遭到破坏，有的犀牛种群已经濒临灭绝，迫使一些保护者为了防止犀牛遭到猎杀而不得不先锯掉它们的角。在世界上最后一头北部白犀牛"苏丹"去世时，韩李李画了一幅画，希望能借此引起人们对犀牛的关注。

韩李李为离世的北白犀"苏丹"创作的绘画作品《我爱你，再见》

　　从自然之友守护绿孔雀的志愿者项目中，韩李李了解到，云南境内的红河流域本是中国绿孔雀的最后栖息地，但由于受人类过度活动的影响，绿孔雀面临灭绝的危险。于是她开始反思："自然已经给了我们那么多，可是我们想要的是不是太多了呢？"

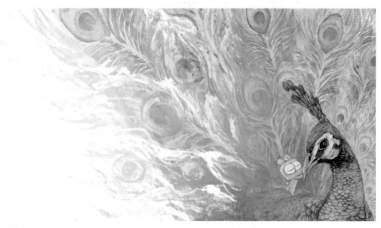

绿孔雀

　　韩李李认识了提里库姆——全球海洋公园中最大的一头虎鲸，2017 年 1 月 6 日，它在被囚禁演出 33 年后离开了世界。在被迫表演的 30 多年间，它几度情绪失控甚至伤人。韩李李为提里库姆画了一幅画，以此呼吁拒绝观看动物表演。

韩李李为虎鲸"提里库姆"创作的绘画作品《拥抱》

此外，还有被迫表演的亚洲象滨滨和非洲象豆豆。

非洲象

　　很多动物之间珍贵的故事无法再现，韩李李也会用自己的画笔记录下来。比如，她在亚洲动物基金的黑熊救助基金做志愿者时，听到了鲁伯特和弗兰西两只熊的故事。它们都是活熊取胆后被救助的动物，小时候脑部受伤的鲁伯特任何小事都记不住，但它每天都会去找自己的朋友弗兰西。它们一起去草地上晒太阳、嗑瓜子、看星星，冬天还会帮忙暖床。后来，在笼子里被关了 22 年的弗兰西由于身体状况持续恶化离世，鲁伯特坐在它们曾经一起玩耍的地方独自悲伤，不久后也离开了这个世界。"人们总是认为动物的情感没有那么细腻，但（其实）它们的爱是如此真诚单纯干净。"韩李李说。

韩李李在黑熊救护中心（上图为弗兰西被关了 22 年的笼子，下图为在黑熊纪
念园鲁伯特和弗兰西的墓碑前）

　　有时，为了做野生动物调查，取得一手资料很辛苦，但韩李李认为自己在做有意
义的事情，反而乐在其中。比如，为等待斑头雁宝宝出生，她曾与 50 名志愿者一起在
三个营地轮流守护 46 天。当时没有网络和电话信号，唯一可用的现代通信工具只有对
讲机，需要靠太阳能供电取暖，自己打水，点牛粪做饭，在太阳能蓄电池上作画……
但撤营回到上海后，韩李李说，一看到画画的照片就开心得想笑，"能用自己的这点
小技能向大家传递自然的美好，实在是太幸福了"。

『用艺术做个
善意的提醒』

　　为传递保护环境的理念，2016 年 9 月，韩李李在海拔 4540 米的"长江 1 号"邮局用回收的废弃物制作了一幅长 8 米、高 3 米的"姜古迪如冰川"浮雕。姜古迪如冰川位于唐古拉山山脉的主峰格拉丹东雪山，长江正源沱沱河便发源于此，浮雕也因此成为海拔最高的环保浮雕。"希望所有路过青藏线的朋友看到浮雕的时候，都能看到我们和自然的关系。"

韩李李在长江源创作"姜古迪如冰川"浮雕

与此相对应地，2022 年，在长江尾的上海炮台湾湿地公园"长江 11 号主题邮局"里，韩李李以长江保护为主题创作浮雕，用回收的快递箱和旧报纸进行创作，将长江流经的 11 个省市的标志性物种融入其中，同时展现了万里长江从源头到入海口的海拔变化、地貌变迁，全方位地展现了长江的生物多样性及生态系统多样性。

"自然给了我们这么多，我们回馈给她的不应该总是垃圾。"韩李李说，不管身在哪里，她都有把扔掉的垃圾捡回来重新分类整理做成雕塑的念头，"有些东西既然没人要，而且不能短期降解，那我就把它们重新组合做成大家喜欢的东西，这样不是更好吗？"

在修建邮局的工地上，韩李李随手就捡了两块被扔掉的小木板，涂画了重要的野生动物观测点——通天河的断崖。"这个和是不是大师没关系，用心用爱画的就是最好的，至少现在，这是一块不会被扔掉的板啦。"她始终认为，比起高超的绘画技巧，真实流露的感情在创作中更为珍贵。

韩李李用废弃的木地板画的通天河断崖

参与公益 10 多年来，韩李李帮助新疆慕士塔格环保小站进行视觉提升、设计了格尔木长江源环境教育基地、与公益机构——"让候鸟飞"合作，连续 8 年创作了"春节无野味"主题窗花，绘制了三江源国家公园手绘地图、昂赛大峡谷生态地图、青藏绿色驿站手绘地图、澜沧江源生物多样性图解等作品，参与了山水自然保护中心的"公民科学家"、昂赛大猫谷等视觉志愿服务，四川海惠助贫服务中心的 IP 形象设计等。此外，韩李李还设计了"汉仪李李体 W"字体并授权公益机构和项目免费使用，设计开发的卫衣、T恤、手帕、背包等一系列衍生文创产品也在持续传递生态保护理念。

　　尽管做了这么多，韩李李还是觉得自己的力量有限。在几年的努力和准备之后，2022年，韩李李和好朋友们一起创办了公益机构"觅蓝"生态文化发展中心，和更多伙伴一起，用艺术的形式实现大家的美好梦想，将自然保护的理念与需求转化为公众的思考和行动，推动大家的生活方式向环境友好型转变。她认为，艺术创作可能看起来没有为环境和动物们带来直接利益，但温柔的语言也可以拥有大大的力量。"我相信更多人并不是有意要做伤害环境或动物的事，他们只是可能没有意识到。我们用艺术创作温和地做个善意提醒，相信温暖的力量总有一天会照亮你的心。"

本文供图 / 韩李李

■ 本篇人物

　　韩李李，上海美术家协会会员，生态艺术工作者，雕塑、插画、绘本作者，原创形象"阿拉兔"的作者，上海工艺美术职业学院讲师，积极的环保动保行动者。多年来积极在动物保护和环境保护的第一线行动，为多个公益机构和项目提供艺术创作和视觉支持，长期致力于环保可持续的生活方式实践及艺术创作。2022年和好朋友们一起创立公益团队"觅蓝"生态文化发展中心，用艺术传递生态保护理念和行动。

采写 | 白志敏
编辑 | 欧阳海燕

王双瑾：我在古城讲绿色故事

开展生态环境保护工作并非一朝一夕，这是一件需要沉淀下来长期去做的事情。如今，在这个领域已深耕16年，王双瑾更是无比坚信这句话。从无到有，从小到大，无论是工作者，还是志愿者，她都努力把每个平凡的角色做到完美。

王双瑾和伙伴们愿化身绿色『播种机』，播撒环保种子，让越来越多的人开始重视生态环境保护，并参与到绿色低碳生活中来，把古城西安的环境变得越来越好，让生态文明之光洒满每个角落。

夕阳缓缓西沉，金色的光芒为古城西安穿上了一袭绚丽的衣裳。刚完成探秘"环保智慧大脑"的孩子们欢笑着走出科普示范基地，迎面撞进霞光的怀抱，小脸上是掩饰不住的流光溢彩……

王双瑾站在窗前，目送参观西安市智慧环保综合指挥中心的孩子们离开。"世上最美的画面莫过于此。"在她眼中，一颗颗绿色的种子已经播撒，即将在孩子们心中悄然生根发芽，开出绿色环保的希望之花。

2023年是王双瑾在生态环保领域工作的第16个年头，她大学一毕业就进入陕西省西安市生态环境系统工作，从事过环境监测员、统计员、普查员、宣传员……在一线多个岗位摸爬滚打，努力把每个平凡的工作做到完美，表彰和奖励也纷至沓来。然而比起荣誉，更让她开心的还是看到在她和伙伴们的努力下，越来越多的人开始重视生态环境保护，并参与到绿色低碳生活中，古城西安的环境正变得越来越好。

王双瑾正在为青少年授课，使他们在学习生态知识、思考环保问题的同时，树立生态文明理念，践行绿色低碳生活方式

王双瑾在西安钟鼓楼广场，向过往市民宣传普及生态环保知识

面
对
困
难
和
挑
战
　
斗
志
昂
扬

　　大学毕业后，王双瑾怀着一腔热忱进入西安市生态环境系统工作。刚参加工作时，她主要负责环境数据监测和统计等。"十一五"期间，为加快淘汰落后产能，西安市逐步关闭了规模以下造纸企业。当时，在造纸企业比较集中的长安区，因任务艰巨，环保部门经常开展"零点行动"进行调查取证。"我是年轻的党员，让我去。" 面对繁杂艰辛的工作，王双瑾冲锋在前，坚决圆满地完成各项任务。

　　2011 年，爱好写作的王双瑾被安排到了宣传教育岗位。然而就在她准备大展拳脚之时，迎接她的却是"骨感"的现实：没人、没经费、没专业设备、工作繁多、千头万绪……

　　面对艰难的处境，一种无力感顿时袭上心头，放弃和退缩的念头一闪而过。可转瞬之间，这些消极情绪就被这个倔强的姑娘抛到脑后，取而代之的是升腾而起的一股昂扬斗志。

　　为打开新闻宣传工作的突破口，非新闻专业的王双瑾努力学习相关知识，主动挖掘素材，深入一线采写，不厌其烦地做好每一个细节，与媒体记者良好互动。由于传播工作时效性强，加班加点是常态，但她无论多早多晚，甚至生病期间都是第一时间满足工作需要，确保群众及时获取环境信息。

　　2012 年新的《环境空气质量标准》颁布，将 $PM_{2.5}$ 列为城市空气质量评价因子，纳入空气质量评价体系，并规定我国各省会城市将从 2013 年 1 月 1 日起，正式对 $PM_{2.5}$、臭氧、一氧化碳 3 项新增指标实施监测并公布数据。

在冬季一连好多天，明明能看见太阳，却看不见远处的建筑物；明明是个晴天，却感觉阳光无法穿过城市上空的"大灰罩子"，仿佛一切都蒙上了一层纱，显得不那么真实——这就是当年西安市民的感受。至于 $PM_{2.5}$ 这个专业名词，更是闻所未闻。而对未知的恐惧，让越来越多的人焦虑空气到底怎么了。

2012 年 11 月，西安市进入执行环境空气质量国家新标准倒计时阶段，为做好相关宣传工作，王双瑾制定方案并紧锣密鼓地推进实施。写发布材料、找专家解读、编印科普手册、随时沟通协调、带领记者到监测现场采访、组织召开新闻发布会……有时候忙到顾不上吃饭睡觉，几个星期下来免疫力降低，得了重感冒，但她仍一直坚持在岗位上，直到发展为重症支气管肺炎，不得不住院治疗。王双瑾说，这个事还有那个事都要赶紧做完，要在新标准执行前让市民多一些科学认识，多一份理解支持，不再谈 $PM_{2.5}$ 色变，而是以更多的实际行动参与大气污染治理。

随着工作经验的积累，王双瑾变成了名副其实的"环保记者"。不管是在炎炎夏日检测汽车尾气的道路上，还是在脏乱臭的污染现场，哪里有可拍可写的，哪里就一定有她的身影。

她笔耕不辍记录宣传，撰写的生态环保宣传文章被争相刊载且多次获奖，仅《中国环境报》就已刊发千余篇，传播推广了大量走在全国和陕西省前列的环境治理"西安模式"。据不完全统计，2013 年以来每年她在各级媒体刊发西安生态环境保护相关新闻报道 2 万多条，发稿量在陕西省生态环境系统排名稳居第一，且遥遥领先于其他地市。

长期的"环保记者"经历，让王双瑾意识到"环保宣传不能只站在原地摇旗呐喊，更要想办法主动走到人们眼前"。在传统媒体上斩获佳绩之余，敏锐的她发现新媒体具有与群众及时、近距离接触和互动的优势。于是在工作计划上，她极其认真地写下一句话：发展新媒体，开拓新阵地！

2014 年，王双瑾率先开通了"西安生态环境"官方政务新媒体，自费报班学习并熟练掌握微信公众号、微博等各平台维护技术，坚持长年累月每日更新，目前已编发宣传信息 22.6 万余条，把生态环境保护理念传递到群众眼前，同时优化了"在线办事"功能，精心服务，方便群众。

西安市在冬季经常产生静稳天气❶，近地层大气稳定，不容易形成对流，这样就

---

❶ 静稳天气是指风力较小，大气层结稳定，垂直方向上没有强烈对流运动的天气状态。在这种情况下，空气中的颗粒物不能被有效扩散和清除，会在低层积聚起来，形成霾。

会使低层特别是近地面层空气中的污染物在低层堆积，增加大气低层和近地面层污染程度。加上冬季夜间辐射降温，相对湿度变大，会造成污染物吸湿增长，加速污染物的二次转化，加重空气污染程度。因此，重污染天气应急响应工作没有时间点且频繁启动，并根据研判情况随时调整相应级别的预警。如果达到红色预警，将采取全市学校停课、机动车限行等具体措施。为了确保群众第一时间获知信息、合理安排工作生活，王双瑾总是竭尽全力，第一时间通过各种媒介对外准确发布群众所需信息。"这个内容太及时了，很有用！""太贴心啦！全面详细的健康防护指南正是我想要的。""总是又快又准，这个号值得拥有！"每当看到满屏的类似留言，王双瑾的脸上就会绽放出孩子般灿烂的笑容。

因为热爱，所以全心投入。除了服务信息和内容，王双瑾在新媒体传播的过程中始终在思考，日常宣传中怎样才能发挥新媒体优势将环保宣传效果最大化，什么样的环保内容和方式是老百姓喜闻乐见、乐于主动传播的……

2019年，王双瑾策划组织由西安市的全国人大代表、文化学者、劳动模范、五四好青年、知名歌唱家、优秀少先队员等社会各界代表以快闪形式共同唱响一首歌，制作了《让中国更美丽》西安版主题MV，该MV在学习强国、央视新闻、《人民日报》等客户端发布，取得了良好的传播效果，凝聚起了共同行动建设美丽西安的强大力量，获得了西安市网上重大主题宣传优秀新媒体作品。

多年来的努力付出，收获的不仅是群众言语的感谢，还有用行动对环保的支持，以及来自组织的肯定与表彰。王双瑾负责运营的"西安生态环境"公众号、微博等新媒体平台多年来稳定排在全国生态环境系统前十、陕西省生态环境系统第一，并获得陕西政务新媒体优秀运营案例、政务传播创新奖。

西安生态环境微博　　　西安生态环境抖音号　　　西安生态环境公众号　　　西安生态环境头条号

团结一切可以团结的力量

一个人的力量毕竟是有限的。虽然通过新闻媒体、政务新媒体可以放大生态环境保护方面的声音，也逐渐提高了群众的环保意识，但是王双瑾深知，从"知道"到"做到"，还有很长的路要走。

在作为"环保记者"经常跟随执法人员去现场宣传报道的经历中，王双瑾发现可以把执法人员发展为宣传员。她的第一次尝试，是在2014年夏天的一次检测汽车尾气日常执法中。

随着机动车保有量的快速增长，机动车排气污染问题也越来越受到大家的关注。为此，西安市生态环保执法人员开展了机动车污染专项治理行动，严厉打击超标车、无标车、黑烟车上路行驶，以减少汽车尾气污染排放。

一天，在新城区机动车排气污染联合执法检查点，王双瑾看到执法人员杨阳正在和怨气冲天的司机师傅交谈。只听见司机师傅说："我又没违规行驶，干吗拦我的车？我还急着送货呢！"面对不理解、不支持，杨阳重复着的"希望您配合我们的工作"这句话显得特别苍白无力。

王双瑾走上前，请司机师傅到汽车尾部去看一看。其他执法人员正趴在地上，把采样探头伸进汽车的排气口，黑黑的尾气近距离喷过来，采样执法人员背上的制服已经全湿透了，从带盐的汗渍来看，已经湿了又干了好几遍。

"大热天没有人喜欢在这里晒着，如果不是为了我们的空气能好一些，谁愿意受这罪呢？！"王双瑾向司机师傅解释，如果大家都嫌检测耽误了自己的时间，而拒不配合，那么这项工作将停滞不前，而其带来的直接后果就是尾气超标车辆随意排放，造成空气越来越差，最终受害的还是我们自己。

跟过来的杨阳赶紧科普汽车尾气的诸多危害，并向司机师傅重点讲解了大气污染防治方面的相关法律法规。

"看到你们这么辛苦，我刚刚的怨气一下子消了。想想自己还能在车里开着空调，而你们一晒就是一天。"司机师傅不好意思地对杨阳说，"我会把这次学到的知识也告诉其他司机师傅，让大家多自查车辆状况，尾气不合格坚决不上路，碰到路上检测多配合，都是为了我们生活的环境更好。"

司机师傅离开后，王双瑾拉着杨阳又用同样的方法向其他车主宣传讲解。"感受到一种渐渐被支持的力量，谢谢你！"杨阳高兴地对王双瑾说，"我觉得我们的工作更有意义了，我以后就这样干！"

成功发展了第一个宣传员，王双瑾将运用场景逐渐扩大到进企业、进工地、进餐馆等的执法人员，大家共同努力把方方面面的生态环保法律法规和科普知识传播出去。

基于工作经验，王双瑾撰写了调研报告《"一次执法就是一次宣传"宣传教育如何助力生态环保执法工作》，获评当年西安市生态环境系统优秀调研报告，"一

王双瑾走进企业有针对性地传播绿色理念（图为她在建筑工地向施工人员讲解扬尘污染防治相关法律法规和知识）

次执法就是一次宣传"工作法被新闻媒体宣传报道，并全系统推广。不仅执法人员常年运用此法，监测人员、技术人员、宣教人员等也面向群众边工作边宣讲，让群众零距离接触生态环境保护工作的方方面面，实实在在地感受到生态环境的持续改善，对生态环保工作的支持率、参与度也大幅提高。

2018 年，生态环境部要求各地大力推进环保设施向公众开放工作，但很多企业对于敞开大门让公众进来、被公众了解这件事心怀顾虑。王双瑾不怕困难，一家一家地去做企业的工作。记得有一家专业从事医疗废物处置的环保企业，在第一次动员的时候很积极，后来就没有了音讯，王双瑾决定去这家企业看一看，问清楚原因。起初经理总是躲着不露脸，王双瑾就三番五次登门并和企业员工打成一片，后来经理坦言，确实最近周边群众有意见，害怕开放后公众知道得多了，就更盯着企业找麻烦。对此，王双瑾提前做足了功课，从政策法规、企业实力、公众作用等多角度全方位为经理分析，详细讲解邻避效应❶相关案例，鼓励企业大大方方地请邻居们来看看，先让周边群众放心。后来，就有了一次周边 3 位群众代表参观企业的小活动，经理带着大家边看边讲、答疑解惑、充分沟通，消除了意见，也消除了企业的顾虑。

正是在王双瑾的执着下，越来越多的环保设施单位主动打开"门禁"，欢迎学生等社会公众和社会组织前往参观。

敞开大门仅仅是第一步，扩大行动效果、让更多人了解和参与才能将环保宣传效果最大化。王双瑾还协调联合文明办、城管局、水务局、教育局、电视台等单位组织开展环保设施和城市污水垃圾处理设施向公众开放现场观摩活动，以及"美丽中国，我是行动者"大型生态环境系列主题宣传活动等，利用多方资源形成宣传合力，努力形成全社会推动西安生态文明建设大格局。

2020 年新冠疫情暴发，环保设施开放的线下活动基本停止了。但这反倒激发了双瑾的创新热情，她想到以线上观看视频的方式，动员污水处理厂录制视频并在线上供大家参观，这样就可以不受时间、天气以及疫情防控的限制了。随后，这种参观方式覆盖到垃圾处理厂、废弃电子产品处理厂、环境监测站等 4 个类型，开放的网络环境让每个人可以随时随地参观了解环保企业，环保宣传效果不减反增。

---

❶ 邻避效应指居民或当地单位因担心建设项目(如垃圾场、核电厂、殡仪馆等邻避设施)对身体健康、环境质量和资产价值等带来诸多负面影响，从而产生嫌恶情结，滋生"不要建在我家后院"的心理，采取强烈的和坚决的、有时高度情绪化的集体反对行为。邻避效应能在社会现实中起到一定的积极作用，但如若处置不当，将带来诸多负面影响。

持续创新，
推动公众参与

比起单方面的宣讲，内容新颖、形式生动有趣的活动更容易被人理解和接受。

2019 年 8 月，西安市智慧环保综合指挥中心完成组建，西安智慧环保平台开始试运行，敏锐的王双瑾又瞄准了新目标。

依托西安智慧环保平台，王双瑾策划打造了探秘"环保智慧大脑"公众参与系列活动，带领青少年现场参观体验各种生态环保科技手段，并通过一堂堂生动的生态环保教育课，让青少年在学习生态知识、思考环保问题的同时，树立生态文明理念，践行绿色低碳生活方式。

同时，王双瑾探索开展环保科技介绍类直播活动。2020 年 9 月以《探访西安"环保智慧大脑"科技助力环境监管》为题开展首次直播活动，现场展示卫星遥感监测系统、环保烟火监控系统、出租车导航监测系统等，吸引近 30 万名网民围观，并配套制作了《智慧说环保》系列科普短视频，引导公众参与污染防治。

由于线上线下相结合传播效果佳，2021 年 6 月 5 日在陕西省环境日活动现场，《探秘"环保智慧大脑"公众参与系列活动》被陕西省生态环境厅、中共陕西省委文明办、共青团陕西省委评为陕西省优秀公众参与案例并获颁奖表彰。

为了丰富探秘"环保智慧大脑"公众参与系列活动，2022 年 5 月，王双瑾牵头负责在西安市智慧环保综合指挥中心建成生态环境保护主题宣传教育科普角。

反复讨论设计方案、集思广益收集资料、完善精修呈现样式、多方参考互动内容……她带领"90 后"工作团队，历时半年，打磨出有趣好玩的新场地。当迎来首批参观小朋友时，团队每个人都既兴奋又忐忑。

在团队成员马宇丹的带领下，小朋友们首站探秘了"环保智慧大脑"，认识了西安生态环境保护的"科技大拿"。随后在生态环境保护主题宣传教育科普角里，"公民十条"的趣味解读启发了小朋友们"我能做什么"的思考，漫画式的生态环境治理变化历程海量信息图让大家感受到了生态环境保护的不易，卡通版的秦岭生物多样性也让大家明白了要保护动植物、珍惜身边的生态资源。在游戏互动区的低碳达人大作战游戏中，小朋友们通过实际操作感受一天中哪些日常生活行为习惯可以实现碳减排。最后，小朋友们在树叶形状的贴纸上写下对生态环境保护最想说的话，并一起装扮"留言树"，逐渐茂密的"大树"承载了大家保护生态环境的绿色诺言。

一套流程走下来，马宇丹感触良多。他告诉王双瑾，这次顺畅、愉快的探秘之旅，虽然自己是"主角"，但真正要感谢的是团队的每个人，大家的智慧和汗水得到了效果的肯定。

这样的肯定，还来自西安市科学技术局、西安市科学技术协会。2022 年底，24 家单位被认定为首批西安市科普示范基地，西安市智慧环保综合指挥中心便是其中之一。

探秘"环保智慧大脑"公众参与系列活动持续普及生态环境科学知识，展示生态环境保护科技成果与生态文明实践，提高全民生态与科学文化素质。截至 2023 年 7 月，累计影响 484 万余人，在促进全社会增强生态环境保护意识、投身生态文明建设、深入推动科学技术普及工作中发挥了积极的作用。

小朋友们一起装扮"留言树"

青年为绿色传播
注入蓬勃动力

王双瑾始终相信青年人是推动生态环境变好的一大动力。如何让更多的年轻人成为绿色传播者？她一直在关注、寻找、联合更多青年力量。其中，最具代表性的要数张昕了。

这段绿色友谊始于 2012 年 3 月在钟鼓楼广场举办的"地球一小时"[1]宣传活动。当时的张昕是一名热心环保公益事业的大学生，他和高校大学生组成的跨学校环保社团代表们，在活动中作为志愿者向来来往往的市民宣传并动员他们积极参与"关上不必要的照明和耗电产品一个小时"，从力所能及的小事做起，加入到保护环境的行动中来。

王双瑾是活动现场的一名工作人员，忙完手头的事情后就和志愿者们一起传播绿色理念。大家边工作边聊天，关于环保的话题越聊越投机。

"参加环保志愿活动是一项持之以恒的事情。"王双瑾刚说到这里，张昕就深有感触地接上了，他聊起了自己刚上大学时候的情景。"我当时是偶然间接触到陕西青年与环境互助网络的'环保卫士'的。我身边的大多数同学，除了上课，就是打游戏、逛街、睡觉。可志愿者们不同，他们愿意花更多的时间、精力让这个世界变得好一点，

---

[1] 地球一小时（Earth Hour）是世界自然基金会（WWF）应对全球气候变化所提出的一项全球性节能活动，提倡于每年3月最后一个星期六的当地时间20:30，个人、社区、企业和政府自愿自发参加，关上不必要的照明和耗电产品一小时，来表明大家对自然保护的关切和对环保的支持。2023年起，"地球一小时"被赋予更大的使命，凝聚社会各界 "一小时" 的力量，推动改变，点亮希望，共同迈向自然向好的未来。

这种积极的能量对我吸引力很大。"于是，他成了这个社团的长期志愿者。

张昕体会过"正能量"的引力，也看到很多优秀的人被吸引加入志愿者的队伍。他希望和小伙伴们一起把力量传递下去，让更多人成为优秀的社会责任承担者。这刚好和王双瑾的想法不谋而合。为了扩大绿色朋友圈，双瑾和青年人的互动越来越多，她走进高校宣讲、参加公益活动、开展暑期环保实践……把自己也变成一名环保志愿者。参加环保公益活动多了，王双瑾与很多志愿者成为朋友，进一步了解了他们的诉求。

毕业季到来之际，学习人力资源管理专业的张昕面临两难选择，一边是待遇不错的工作机会，一边是自己长期坚持的环保公益事业。对此，他们聊了很多，王双瑾的建议总结起来就一句话："自己想做的事，坚持下去！"张昕最终听从内心，选择了陕西青年与环境互助网络环保组织，继续从事环保公益工作，成为这个社团联盟的第一个全职工作者。

刚刚走上新岗位的张昕对工作充满了期待，他希望通过自己的努力组织更多青年人加入环保队伍。大学生节能宣传、节水宣传、低碳生活方式普及……活动组织了一场又一场。不过张昕也发现，在实际生活中，人们的支持大多停留在表态阶段，愿意在环保横幅上签字的人不少，可是愿意少用一个塑料袋的人却不多。

如今的西安护城河，宛如一条碧绿的玉带守护着城墙，其中有青年大学生一份功劳

带着困惑，张昕又来请教王双瑾。王双瑾邀请张昕和志愿者团队带领青年大学生参与"西安山河调查"，带领他们来到第一现场，与他们一起认识本土环境，目睹日益恶化的生态环境。通过电视台的摄录培训，将大学生分散到西安各个角落拍纪录片，然后在电视台播放。

节目播出后，社会反响强烈，有人专门打电话到电视台表示关切：护城河的南边进进出出都是清水，原来东北段有那么脏的一段。

"学生们拍的一系列的视频，一方面可以推动环境改善，另一方面也给古城留下了一份环境影像档案，让大家知道这里曾经发生过什么。这些活动让青年人看到了真实的环境面貌，他们才有动力采取行动。"张昕说这是他参加调查的最大感受。

行动的人越多，力量就越大。后来，张昕持续组织开展环境保护宣传倡导和低碳实践，通过环保创意大赛、节能 20 行动、减碳壹加壹行动、西安绿地图项目、青国青城、大气污染监督员、"千名青年环境友好使者"节能减排全民行动、描绘身边绿色的低碳社区项目、换树 1+1 家庭低碳行动等，搭建更多的桥梁，提供更多的创新模式，推动公众参与，把保护环境这件事融入生活中。

从进入大学社团接触环保志愿服务，到成为环保公益组织的负责人和全职工作者，通过本土化、趣味性的活动进行环保宣传、环境调查、环保教育，搭建平台为更多环保人士提供培训……张昕走的是一条不同于大多数同龄人的路，10 多年的经历中，他始终坚持的一件事是：用人影响人，让没有环保意识的人有环保意识、有环保意识的人有环保行动、有环保行动的人带动更多人行动。

现在，张昕是西安市青益志愿服务发展中心理事长，是全国青联委员、全国优秀五星志愿者、"美丽中国，我是行动者"2019 年百名全国最美生态环保志愿者……这些他当之无愧，最重要的是，他前行的脚步从未停止。他和团队推出并坚持开办的"三秦绿色学堂"，既包含了培训每位大学生环保骨干，也包含了组织高校公益团队交流会以及陕西青年环保年会，大学生从中收获了有价值的东西，也在参与活动的过程中有所成长。张昕还带领大批大学生环保志愿者走入中小学，告诉孩子们如何做环保。张昕希望，每个人如果有时间，都可以做一天环保志愿者。

环保不是打鸡血式的空喊口号，也不是假大空的条幅标语。而是贯穿我们生活的点点滴滴与时时刻刻。

观念转变为行动，改变才真正开始。王双瑾常说，不要忽视我们每个人微小的力量。要从"我享受、我破坏"变为"我践行、我享受"，不浪费粮食、节约生活资

王双瑾和张昕经常一起探讨如何更好地向公众传播生态环保知识，提升生态文明素养，壮大生态文明建设社会力量

源、低碳出行、采购带有环保标识的产品、垃圾分类、参加植绿护绿、随手举报污染行为……每个人能做的有很多。这些不仅是践行绿色低碳生活方式的行动，更是表达自身态度的"投票"。没有一个清洁的环境，再优渥的生活条件也将失去意义。与自然重建和谐，与地球重修旧好，为了这一代和将来的世世代代，必须努力保护环境。

现在，王双瑾又掀起新的可推广、可循环、可复制的公众参与活动——"我们的节日·环保"系列宣传活动。以每年的春节、清明、中秋、元旦等传统节日和西安生态日、秦岭生态环境保护宣传周、国际生物多样性日、六五环境日、全国低碳日等生态环保节日为连接点贯穿全年，策划制作推广公众喜闻乐见且容易参与的"线上＋线下"形式，把生态文明意识融入日常，把"公民十条"行为准则带到每个人身边，为共建美丽中国汇聚力量。

开展生态环境保护工作并非一朝一夕，这是一件需要沉淀下来长期去做的事情。如今，在这个领域已深耕16年，王双瑾更是无比坚信这句话。从无到有，从小到大，无论是工作者，还是志愿者，王双瑾和伙伴们愿化身绿色"播种机"，播撒环保种子，以一个人影响更多人，让公众参与生态环境保护的星星之火终呈燎原之势，让生态文明之光洒满每个角落。

从我做起，从身边小事做起，美丽中国，我们都是行动者！

公民生态环境行为规范十条[1]

第一条 关爱生态环境。 及时了解生态环境政策法规和信息，学习掌握环境污染治理、生物多样性保护、应对气候变化等方面的科学知识和技能，提升自身生态文明素养，牢固树立生态价值观。

第二条 节约能源资源。 拒绝奢侈浪费，践行光盘行动，节约用水用电用气，选用高能效家电、节水型器具，一水多用，合理设定空调温度，及时关闭电器电源，多走楼梯少乘电梯，纸张双面利用。

第三条 践行绿色消费。 理性消费、合理消费，优先选择绿色低碳产品，少购买使用一次性用品，外出自带购物袋、水杯等，闲置物品改造利用或交流捐赠。

第四条 选择低碳出行。 优先步行、骑行或公共交通出行，多使用共享交通工具，家庭用车优先选择新能源汽车或节能型汽车。

第五条 分类投放垃圾。 学习并掌握垃圾分类和回收利用知识，减少垃圾产生，按标识单独投放有害垃圾，分类投放其他垃圾，不乱扔、乱放。

第六条 减少污染产生。 不露天焚烧垃圾，少烧散煤，多用清洁能源，少用化学洗涤剂，不随意倾倒污水，合理使用化肥农药，不用超薄农膜，避免噪声扰邻。

第七条 呵护自然生态。 尊重自然、顺应自然、保护自然，像保护眼睛一样保护生态环境，积极参与义务植树，不购买、不使用珍稀野生动植物制品，拒食珍稀野生动植物，不随意引入、丢弃或放生外来物种。

第八条 参加环保实践。 积极传播生态文明理念，争做生态环境志愿者，从身边做起，从日常做起，影响带动其他人参加生态环境保护实践。

第九条 参与环境监督。 遵守生态环境法律法规，履行生态环境保护义务，积极参与和监督生态环境保护工作，劝阻、制止或曝光、举报污染环境、破坏生态和浪费粮食的行为。

第十条 共建美丽中国。 坚持简约适度、绿色低碳、文明健康的生活与工作方式，自觉做生态文明理念的模范践行者，共建人与自然和谐共生的美丽家园。

---

[1] 生态环境部,中央精神文明建设办公室,等.关于发布《公民生态环境行为规范十条》的公告:公告2023年 第17号[EB/OL].2023-05-31.https://www.mee.gov.cn/xxgk2018/xxgk/xxgk01/202306/t20230605_1032476.html.

■ 本篇人物

　　王双瑾，西安市生态环境系统工作人员，法学专业。大学毕业后成为一名生态环境保护工作者，先后在环境监测、环境统计、污染源普查、绿色创建、宣传教育等岗位工作。

　　从事宣传教育工作 10 多年来，致力于公众参与，让更多人关注、参与、践行绿色低碳生活方式，用每个人的行为推动美丽中国建设。

　　荣获生态环境部宣传教育中心环保公益项目先进个人、陕西省优秀共产党员、西安市劳动模范、西安市巾帼建功标兵等荣誉。

原创 | 王双瑾
编辑 | 王妍

马海鹏：跨越山川 面朝大海

深圳是一座迷人的城市，气候温润宜人，降水丰富，适合动植物生长。

这里是马海鹏的第二故乡，他爱这座城市的山山水水、一草一木。10年来，他一直奔波在深圳环保一线，愿做这座城市的守护者——守护好这里的每一只鸟、每一条鱼、每一片林子和每一片海。

深圳湾有一道美丽的风景，潮起潮落间，候鸟在滩涂上行走觅食，悠游自在。

深圳市位于"东亚—澳大利西亚"候鸟迁飞路线上，每年9月到次年4月，大量的候鸟会飞至深圳湾公园海域内过冬或者休憩，深圳湾也成了市民欣赏候鸟、亲近自然的好去处。每年11月到次年3月是红嘴鸥、琵嘴鸭等候鸟在深圳湾大面积聚集的时候。几年前，许多市民会在周末赶到深圳湾喂食打卡，投食面包、饼干等，引诱鸟类觅食拍摄及观赏，最多的时候，在深圳湾公园地铁口附近有近千人聚集。

深圳湾水鸟喂食现象引起了马海鹏的注意，作为一名资深的环境保护从业者，他感到左右为难。

面包等食物对于琵嘴鸭、红嘴鸥等水鸟来说非常危险，该类食物蛋白质太低，长期食用会导致鸟类营养不良，也会导致水鸟丧失野外觅食能力，对鸟类伤害很大。同时，油腻食物会导致鸟类消化不良、身体消瘦等，也会使水鸟患上一种叫作"安琪翅"的疾病，这种疾病会使鸟类羽毛生长得太快，造成肌肉拉伤，最终导致无法正常飞翔。

面包等对水环境也非常不利，腐烂后会造成水源污染，容易引发水中滋生大量细菌，引起水中的藻类植物大量繁殖，影响鸟类生存。

然而，在没有明确法规支撑的情况下，在市民都希望喂食水鸟的大环境之下，如果贸然提出禁止喂食，很容易引起强烈反对，甚至产生诸多公众矛盾。2019年初，就曾有一名一直参与环境保护教育的小志愿者主动劝说市民禁止喂食，结果被市民给怼哭了。

但正是这件事坚定了马海鹏的决心："如果我们环境教育者，面对这样的事件选择不作为，就没有资格做环境教育；如果我们教育的孩子做了对的事却被怼哭了，那我们开展环境教育还有什么意义？"

为环境服务，
守护内心的宁静

　　马海鹏（马车）是一名 10 年坚持在一线的环境保护从业者和环境教育从业者，自大学毕业后就投身至环境保护相关的工作中，一直把"守护一方山海"作为自己的使命和责任。

深圳湾护鸟行动——爱我，请你远离我　供图 / 马海鹏

　　小志愿者被怼事件发生后，马海鹏和他当时所在的机构深圳市蓝色海洋环境保护协会迅速行动，连续动员志愿者近千人次，持续在深圳湾进行劝说工作，同时沟

通深圳湾公园管理方、辖区片警、海洋综合执法支队、野生动物保护中心等联合行动，并邀请深圳市的各大媒体进行宣传与呼吁。

"每次行动都必须十几位志愿者穿着统一的服饰才敢上前。一开始，经常是即使我们耐心劝阻，有的市民也不停地喂食，一次、两次，直到三四次之后才逐渐地不再喂食……"马海鹏提到这个场景就感慨万千。2022 年 9 月，《深圳经济特区公园条例（征求意见稿）》公开征求意见，提出在公园内非投喂区投喂动物将被罚款，禁止喂食将会有法规依据。深圳湾公园内也常态设置护鸟志愿者 U 站，持续开展保护宣传工作，守护深圳湾候鸟，守护生态文明。

深圳小学生志愿者制作的"不要喂我"宣传牌　供图 / 马海鹏

深圳市蓝色海洋环境保护协会是我国首家以海洋环保为主题的民间非营利性社会团体，深圳市 5A 等级社会组织、深圳慈善典范机构、中国青年志愿服务项目大赛银奖、广东省海洋与渔业厅授予的"广东海洋意识教育基地"。

创始于 2002 年，正式注册于 2005 年。自成立以来，一直致力于海洋环保公益活动，并重点将项目部署在海洋清洁、海洋生物多样性、海洋环保科普教育等方面。拥有国际海洋清洁日、民间增殖放流、国际儿童海洋节三个大型品牌活动。运营东涌海洋生态 E 站、深圳湾护鸟志愿服务站、站前町海洋环保教育基地等志愿服务站点。

　　事实上，10 年来，马海鹏几乎参与了深圳市各大生态环境争议事件，甚至是很多环保倡议行动的主导者之一。他也通过公众参与的渠道，向相关部门反映问题、表达建议，寻求从政策层面推动问题的解决。在深圳的环保圈，"马车"是一个敢言敢为、有动员能力的"意见领袖"。

　　他曾劝阻"十万只萤火虫放飞"活动，对破坏生态环境的商业行为说"不"。

　　2015 年临近七夕，一家公司大肆宣传"十万只萤火虫放飞"活动，准备收门票大赚一笔。该公司宣称"萤火虫是浪漫的，是爱情的象征""公司资质齐全，萤火虫均为人工养殖""观察萤火虫是孩子们接触自然、关爱自然的活动"。

　　"可这根本就是十足的谎言！"马海鹏凭借知识储备判断，"从成本和养殖难度上看，如此大规模的萤火虫不可能来自人工养殖，只能是野外捕获得来。萤火虫的寿命很短，一般只有 15 天左右。他们宣传准备放飞 10 万只萤火虫，而在运输的路途中，至少要死一半，也就是说，他们至少从野外捕捉了 20 万只！萤火虫对生存环境的要求也较高，在城市放飞后，等待萤火虫的基本上就是死亡。"

　　马海鹏毫不犹豫地指出放飞活动对萤火虫种群造成的伤害，要求立即停止该活动。然而该公司动用公关力量，将马海鹏描述为一个"只敢隔空喊话的无端环保人士"。

　　"做环保放弃了很多。但作为一个环境保护工作者的尊严与名誉，是要坚决捍卫的。"马海鹏四处邀请媒体对此事进行深度报道，寻求专业人员核验所谓"资质齐全"，有条有理地揭开该公司的谎言，并组织志愿者进行现场宣传与呼吁。最后，该公司迫于压力取消了放飞萤火虫的活动。

抵制放飞萤火虫活动　供图 / 马海鹏

活动被叫停后，深圳市各大媒体都给予了关注，《深圳特区报》更是在"市民论坛"栏目发起了公开讨论，并进行了整版报道，逐步引导公众认识萤火虫，提高对萤火虫的保护意识。此后，深圳再也没有发生过类似的昆虫放飞活动。

为了更好地了解深圳市萤火虫的分布情况，马海鹏和当时所在机构深圳市红树林湿地保护基金会（Shenzhen Mangrove Wetlands Conservation Foundation，MCF）邀请华中农业大学植物科技学院付新华教授团队对深圳萤火虫进行专项调查，发现深圳市的萤火虫资源比较丰富，已知种类有 13 种，也发现不少萤火虫栖息地。[1] 这也是深圳市第一次系统地开展萤火虫调查。

马海鹏曾联动媒体的力量，引发社会各界关注坝光古银叶树被砍事件，呼吁在市政工程施工中加强生态保护。

2016 年，大鹏新区坝光社区一处银叶树群落 100 多棵银叶树几乎被砍伐殆尽。马海鹏听到这个消息的时候都不太敢相信，因为银叶树属于红树，是深圳市的市树，可是最终到达现场的时候确实震惊了。

干涸的地面上，孤零零立着几棵树，过去郁郁葱葱的银叶林几乎消失了。据专家组调查数据，2015 年 8 月，这片区域共有银叶树 118 株，其中成熟植株 38 株，最大植株胸径 58 厘米，胸径超过 40 厘米的有 6 株。而仅仅一年之后，这个片区银叶树被砍伐得只剩下 6 株，其中成熟的只有 2 株。[2]

　　银叶树，梧桐科银叶树属，为热带、亚热带海岸红树林植物，多分布于高潮线附近的海滩内缘，以及大潮或特大潮水才能淹及的滩地或海岸陆地，属水陆两栖的半红树植物。

　　在我国，银叶树分布于广东、广西、海南、香港和台湾等地区。大鹏新区银叶树群主要位于葵涌街道坝光社区盐灶村，是全国乃至世界上迄今为止发现的保存最完整、树龄最长的天然古银叶树群落之一。

① 深圳已知萤火虫共有13种　昆虫专家建议打造萤火虫特色公园.深圳晚报, 2021-04-01. https://www.sznews.com/news/content/2021-04/01/content_24097654.html.
② 大鹏坝光被曝100多棵银叶树被砍[EB/OL].深圳晚报, 2016-08-07. https://www.sohu.com/a/109389704_148974.

马海鹏为深圳市民讲解 500 年古银叶树　供图 / 马海鹏

马海鹏向有关部门反映了以上情况，并联系《深圳特区报》的记者朋友。当他和记者朋友再次到达时，现场已经被封锁。记者朋友硬闯现场，快速拍照取证后回报社发稿。两小时后，坝光古银叶树被砍事件就出现在朋友圈中，逐步引发轰动。随后在媒体、环保志愿者、人大代表，以及社会各方的集体关切下，大鹏新区相关部门介入调查，最终涉事标段停工整改 ❶，相关单位受到了处罚。❷

更为惊喜的是，从此次事件后，不仅该区域涉及生态保护的相关工程上马之前，相关部门都会组织环保组织与志愿者对话，提前沟通并对方案进行适度修改，而且银叶树被砍区域的地块也从工业用地调整为保护性用地，该地区的环境保护工作得到了加强。5 年后，大鹏新区为了保护坝光片区现状较好的生态林和河流，在坝光片区老坝光水及周边绿地区域建成了坝光水生态公园，总占地面积约 10 公顷。❸

马海鹏和伙伴们一同研究并提出权威机构出具的环评报告涉嫌造假，提出深圳湾航道疏浚工程的生态破坏问题，坚决守卫生态环境的第一道防线。

2020 年 3 月 3 日，深圳市交通运输局在"深圳政府在线"发布了《深圳湾航道疏浚工程（一期）环境影响报告书征求意见稿公众参与公告》。该公告显示，深圳湾航道疏浚工程（一期）从蛇口邮轮码头疏浚至深圳人才公园，全程约 9.2 公里，按特定游船全天候双向通航标准建设，通航宽度为 120 米，其中穿越深圳湾大桥北通航孔段，通航宽度受限于通航孔尺度取为 90 米，此处小型游船双向通航，大型游船需单向交替通航。

❶ 履职中的人大代表：银叶树之殇[EB/OL].深圳市人大常委会, 2016-08-15. http://www.szrd.gov.cn/rdlz/dbfc/content/post_654504.html.
❷ 坝光15棵银叶树被无故砍伐 将处罚相关单位[EB/OL]. 南方新闻网, 2016-08-07. https://www.sohu.com/a/109400880_222493.
❸ 深圳大鹏坝光生态公园将向公众开放[EB/OL]. 深圳特区报, 2021-12-08. http://sz.people.com.cn/n2/2021/1208/c202846-35040693.html.

　　"可是该工程将会对深圳湾海域生态环境造成极其严重的影响，而且该环评报告还涉嫌造假。"马海鹏当时与很多环保伙伴经过几个日夜的研究后，最早在公众号发布了《深圳湾要开发旅游航线，你知道吗？》，很快该推文就突破了10万人次阅读量，同时引起深圳市、广东省乃至全国各大媒体的关注。一时间，《深圳湾航道疏浚工程报告书涉嫌多处抄袭湛江港项目》《环评报告涉嫌抄袭，深圳湾航道疏浚环评公示被终止》等报道铺天盖地，深圳新闻网开展的民意调查显示，反对项目落地的网友占比高达87.27%[1]。最终该项目被叫停，且相关单位被处罚。

　　也因为该项目被叫停，深圳湾范围的湿地生态环境能够被有效保护，在一定程度上也为全球首个"国际红树林中心"落户深圳[2]和广东内伶仃福田国家级自然保护区加入拉姆萨尔"国际重要湿地"名录[3][4]提供了生态环境保护的支撑[5]。

　　马海鹏10年来奔波在深圳环保一线，在各类环保行动中，他感受到了公众参与的意识和力量在逐渐增长，"这将有效地促进环境保护"。他身兼数职，公益组织管理者、自然教育机构负责人、志愿者协会发起人、大学客座讲师、自然教育讲师、培训师、科普读物撰稿人……日程安排得满满当当，"好在都是自己喜欢做的事"。对于马海鹏而言，"马不停蹄"地为环境服务，就是他"守护自己内心那片宁静"的最好方式。

深圳湾航道疏浚工程破坏生态环境示意图　　供图／中国生态城市研究院(China Eco-City Academy,CECA)

❶ 迷之深圳湾航道环评事件，背后隐藏了哪些真相?[EB/OL].澎湃新闻, 2020-03-28. https://www.thepaper.cn/newsDetail_forward_6736007.
❷ 全球首个"国际红树林中心"落户深圳[EB/OL].深圳特区报, 2022-11-14. http://www.sz.gov.cn/cn/xxgk/zfxxgj/zwdt/content/post_10234015.html.
❸ 福田红树林湿地列入国际重要湿地.深圳特区报, 2023-02-03. http://www.sz.gov.cn/cn/xxgk/zfxxgj/zwdt/content/post_10407703.html.
❹ 参见拉姆萨尔 (Ramsar) 官网: https://rsis.ramsar.org/ris/2518.
❺ 深度解构|让深圳湾成为深圳人共效的绿意空间[EB/OL].红树林基金会, 2020-04-03. http://www.mcf.org.cn/mobile/info-detail.php?Infoid=147.

在沱沱河找到人生使命

马海鹏本科就读于上海的一所高校，大学期间，他的理想是成为一名记者。在一次学校组织的采访活动中，他有幸采访到了绿色江河的创办人杨欣。没有想到的是，这位从 1986 年起就专注于长江源保护、有无数传奇经历的前辈，在短短 15 分钟的采访时间里，就影响了一个年轻人一生的选择。

杨欣，绿色江河创办人，30 多年来致力于长江生态环境保护工作，被誉为"保护长江第一人"。1997 年，在可可西里建立起了中国民间第一个自然保护站——索南达杰自然保护站，这里也成为可可西里反盗猎的前沿基地。2011 年，又在长江源建立了中国民间第二个自然保护站——长江源水生态环境保护站，通过实施"垃圾换食品""守护斑头雁"等项目，推动长江源生态环境保护进程。在青藏铁路建设和开通期间，他带领志愿者在长江源和可可西里开展了"藏羚羊种群数量和分布调查""青藏线垃圾调查""长江源冰川退缩监测""长江源生态人类学调查""青藏铁路列车环境宣传"等系列项目，并向青藏铁路建设单位和地方政府提交了加强环境保护的一系列建议，促进青藏铁路建设环保决策。杨欣说："我所做的一切都与长江有关，这也让我的生命更有意义。"

"世界上原来还有这种人，还有这种火把！"马海鹏心头猛然一震，为保护环境去行动的热情"腾"地被点燃。暑假期间，马海鹏就紧紧追随着仰慕的前辈来到青藏高原，成为长江源水生态保护站的第一批建站志愿者。

在抵达沱沱河那天的日记（沱沱日记）中，马海鹏写道：

一介书生，却怀着对高原的无限追求，只因杨老师的一句话，彻底放弃暑假可以选择的一切，毅然决然地决定疯狂一次，只身一人踏上雪域高原。可可西里、唐古拉山、沱沱河，哪一个名字不让人心醉？如今这一切都向我敞开了怀抱。

杨欣在绿色江河长江源水生态保护站　供图 / 马海鹏

第一天到达的时候，正好是杨欣老师和深圳的一位志愿者离去，同一列火车，我来，他们去……隔着人群挥了挥手，不知道是道别还是相见。然后是深圳的邹 sir、广州的武姐和许姐、北京的王闪来送杨老师，也接我。

一行人开着车没有回营地，而是去草原上拍夕阳。辽阔的草原、变幻的云霞、半荒芜的草地、低矮的群山，还有那远处舍不得落下的夕阳……很美，很美。高原上的风很清凉，而我只穿着单衣，冷得发抖，看着那一群已经不再年轻却拥有永远年轻的心的他们在那边指指点点，拍着、说着、笑着、闹着，我知道我即将接触到一群老顽童。掏出相机拍点风景，然后就被地上不知名的小花吸引，从小受爷爷影响对植物特别感兴趣，蹲下开始看花，可是太冷了，因为刚刚到，不知道高原到底会如何对待我，于是很老实地钻进车里等待他们归来。

就这样，我的沱沱河 19 天之旅开始了。

　　刚到高原的时候，保护站的地基还在建造，马海鹏每天就是守在工地上。偶尔发发呆，偶尔和工地上的民工聊聊天，偶尔也沿着沱沱河向着夕阳追去。

　　"同样的事情放在城市里肯定会索然无味，幸亏是在高原，幸亏是在那荒无人烟的地方。"

　　住的也比想象中好，通知上说是睡帐篷，来了发现有固定的房子，还有电和从几十公里外送来的水。对面是沱沱河国际国家级基本气象站，不远处还有方圆不过500米却包罗万象的小镇。每天有成群的单车族经过，还有朝圣者……

　　"即便是无事可做的状态，在那片神奇的土地上也不会感到丝毫的寂寞和空虚。"这里仿佛时间停滞，没有忙碌、没有忧愁、没有压力，一切不好的在这里都没有，有的只是慢慢的节奏，悠闲的生活。

　　不过，在海拔4500多米的高原上工作，最大的挑战还是高原反应（高反）。马海鹏很幸运，自己没有高反，可是有的小伙伴却扛不住，有的甚至被连夜送下山。其他志愿者大多也要天天吸氧、吃药，以预防和缓解身体不适。

　　高原是一个缺医少药的地方，好在团队里有寒梅大夫。她是格尔木市人民医院的专家，当年59岁，刚刚退休，可是已经无偿跟着杨老师做志愿者很多年了。志愿者来藏区所需的药品，大部分也是寒大夫用自己的钱买的。

　　马海鹏是受杨老师的感召而来，却不料在高原上遇见了寒大夫，这位令他发自心底尊敬和爱戴的长者。马海鹏在沱沱日记中记录下了对寒大夫的印象：

志愿者的日常工作

寒大夫身材小巧，精力总是那么旺盛，是她带着我们一行人深入草原去捡牛粪，是她早上带着我沿着沱沱河去追逐朝阳，是她在牧区的时候给我充当翻译，让我可以问牧民一个又一个的问题，同样是她，将自己所有的药品最后送给牧民。

天天背着药箱的寒大夫就是我们这群人的守护神，她为一个又一个志愿者看病，为一个又一个牧民看病，为车队看病，为送货司机看病，也为过往的行人看病……行医济世，寒大夫做到了。

把自己的喜好和自己的专业绑在一起，寒大夫是幸福的。高原对于游客来说只是过往，而对于她来说却是家。永远带着摄像机，走到哪里拍到哪里，见到摄影高手就虚心请教摄影问题，因为所涉地域广阔，拍出不少佳作……吃饭也很讲究，不吃油，喜欢吃菜，总是在我们去餐馆吃饭的时候提出自己不饿，留守工地，让我们去聚餐。

回忆在沱沱河的日子，马海鹏说，其实学到什么并不重要，重要的是触动心灵多少。"在这样一个纯洁的地方，遇见那样一群真正的环保人士、热情的藏民，还有那不知从多远外磕长头一路磕来的朝圣者，这样的环境下，没有人不会被触动。"

在绿色江河长江源水生态保护站亲身参与环境保护的经历，让马海鹏在心里做了一个决定：关怀自然生态、保护环境这条路，要用一生走下去。

2011 年绿色江河长江源水生态保护站建站志愿者　左二：马海鹏 中间：寒梅大夫

绿色江河

在西方人眼中，好水是蓝色的，如"蓝色的多瑙河""蓝色的海洋"；而在中国人眼中，好水是绿色的，如"白毛浮绿水，红掌拨清波""绿水青山"。实际上，纯洁的水是没有颜色的，西方人眼中的蓝色是澄明天空的反射，中国人眼中的绿色是周围植被的映照。青山常在，绿水长流，正是我们为之努力的目标。"绿色江河"的名字就是这样孕育、诞生的。"绿色江河"为四川省绿色江河环境保护促进会的简称，它成立于 1995 年，是经四川省环保厅批准，在四川省民政厅正式注册的中国民间环保社团。

"绿色江河"以推动和组织江河上游地区自然生态环境保护活动，促进中国民间自然生态环境保护工作的开展，提高全社会的环保意识与环境道德，争取实现该流域社会经济的可持续发展为宗旨。其主要任务：在长江上游地区建立自然生态环境保护站；组织科学工作者、新闻工作者、国内外环保团体及环保志愿者等对长江上游地区进行系列生态环境的科学考察，提出切实可行的建议，并促进其实施；出版宣传生态环境保护的文字、美术及音像作品等；开展群众性环境保护活动和国际生态环境保护的学术交流。

资料来源：绿色江河官方网站（www.green-river.org）。

自然教育：从认识家门口的一株植物开始

从长江源回到上海，马海鹏开始接触上海本土的环境保护公益机构，并在很多机构做过志愿者，后来在上海绿洲生态保护交流中心作为兼职项目官员。其间，他参加了上海科技馆湿地保护行动，虽然最终未能改变这块湿地被开发的命运，但连续十几周每个周六上午的科技馆湿地守望活动"让很多生活在上海的人们知道了上海市区也有这样一片湿地，也呼吁人们更好地保护湿地，呼吁人们走出家门到户外来，到周边的公园中去亲近自然，呼吁人们爱护树木、花草，爱护湿地、山林，呼吁人们爱护我们的地球"。

在上海绿洲，马海鹏负责的一个领域是自然教育。他和同事余海琼（壮壮）、郑英女（郑姐）等一起开展自然教育活动、参加各地的自然教育培训，也在上海培养"小青蛙"生态讲解员，系统学习和实践了很多自然教育的路径，从此算是与自然教育结缘，也获得了一个在生态环保领域的代称——马车。

"自然教育"是通过有吸引力的自然教育活动，以自然环境为场所，以人类为媒介，利用科学有效的方法，在自然中体验学习，建立与自然的联结，使孩子们融入大自然。通过系统的手段实现孩子们对自然信息的有效采集、整理、编织并建立生态世界观，尊重生命，遵循自然规律，促进孩子们的身心健康发展，以实现人与自然和谐发展的教育过程。

国内自然教育从 2012 年开始走进大众视野，马海鹏和他的同事属于国内最早一批自然教育的实践者。同事余海琼 2014 年发起成立了小路自然教育中心，为 4 ~ 15 岁的青少年提供优质的自然教育课程，而马海鹏后来则从上海转移到了深圳，入职 MCF 并担任公众教育主管，负责 MCF 的自然教育中心建设、志愿者培训及海洋垃圾清理项目。

在 MCF，马海鹏通过学习我国香港特别行政区的环境教育经验，最早提出深圳市公园自然教育中心及体系构想，并主导创建与运营了深圳市最早的 7 所自然教育中心中的 5 所，现在自然教育中心的创建工作已经是深圳市政府的重点工作内容之一。

2019 年，在马海鹏担任深圳市蓝色海洋环境保护协会秘书长期间，他还向深圳市海洋渔业局提出打造深圳市海洋文化意识教育基地的建议，最终也获得落实，截至 2023 年 8 月，已经评选出 13 家优秀的海洋文化意识教育基地。

马海鹏还参与推动深圳市大鹏新区坝光自然学校的创建，并担任荣誉副校长。坝光自然学校依托坝光本底打造"山海林河"自然教育体系，开发海岸潮间带科普线、百年古道山野寻踪线、"坝光记忆"生态廊道线 3 条精品郊野科普路线，设立潮间带、湿地、山野、渔村印记 4 类自然课程，以自然教育方式保护生态、顺应地理、活化人文、保存记忆。学校还面向社会招募培训了一支 60 多人的"坝光生态讲解员"志愿者队伍，持续地面向公众开展科普教育活动。

坝光自然学校的神奇生物——白边侧足海天牛，这是一种会进行光合作用的动物

坝光自然学校 2020 年 9 月正式入选为生态环境部宣教中心 "自然学校能力建设项目第五批自然学校试点单位", 2020 年 11 月入选为深圳市城市管理和综合执法局试点自然教育中心, 2021 年 6 月入选为深圳市环境教育基地, 2021 年 9 月入选为深圳市科普教育基地。

马海鹏 10 年扎根一线, 开展生态科普相关工作, 为推动深圳市的自然科普类政策做了不少努力。与此同时, 长期从事自然教育的经历, 也让他逐渐形成了自己的自然教育观点和开展思路。

在自然教育兴起的这些年, 马海鹏观察到, 不能理解自然教育目的和意义的抄袭式、复制式活动愈演愈烈。比如自然教育活动常用的叶拓画, 其本意是希望通过观察植物叶片的特点, 欣赏其形态、色彩之美, 让孩子感受自然造物的神奇, 拉近孩子与自然的距离, 在做叶拓画展现叶片之美的过程中, 融入关怀自然的态度, 带着孩子去思考如何把对植物的伤害降到最小……但现在不少自然教育活动本末倒置, 对采摘毫无限制, 仅仅为画的形式而做叶拓画活动。

"这种流于形式的活动, 少了引导孩子去关怀自然的过程, 很容易让孩子对自然的索取之心越来越盛。" 马海鹏认为, 只有以环境保护为底线的教育才是好的环境教育。"形式其实无所谓, 但要落脚到欣赏和保护自然上去, 而不是与之无关甚至背离。"

在推动自然教育的过程中, 马海鹏感到深圳对于开发扎根本土的自然教育课程有迫切需求。

"深圳小学生的教材以华北地区为参考, 没有考虑到地域差异, 当中取材于自然的元素, 对南方城市来讲, 有严重失误。比如季节, '小草青青, 春天来了; 荷叶圆圆, 夏天来了' 是南方城市的孩子无法感受的。对孩子来讲, 这些内容会带来错觉。" 马海鹏说, 如果只是教材失误, 老师可以纠偏, 问题也还不大。但由于老师对自然也不够了解, 没有办法把自然的信息与教材结合, 在依循教材上课的时候, 就会加剧孩子因教材形成的错觉。比如 10 月布置一个寻秋的作业, 彼时深圳还是夏天,秋向何处寻呢？

　　2016 年 7 月，马海鹏和伙伴们一起创办了漫野自然教育工作室，尝试回应深圳本土自然教育课程开发不到位的问题。

　　马海鹏聚集了一批深圳自然山水的"深度玩家"，联合科研机构，设计了深圳自然人文五大系列课程。"参与者通过参与课程，就能认识人与城市生态的关系、了解深圳的环境变化、探秘深圳的山河海洋、认识深圳的野生动植物……"

　　马海鹏希望联手政府、学校和企业，将自然教育往常态化推进。"自然教育不只是人与自然的关系，也包含人与社区、城市的关系，其很重要的意义在于让日常生活有更多可能性。需要从认识家门口的一株植物开始走得更远，而不是一来就奔向远方。"马海鹏说，只有将自然教育与日常生活顺畅融合，自然缺失、生态破坏的问题才能够被全社会的力量推动着得到解决。

为环保志愿服务插上『专业化』翅膀

参与环境保护是一项对专业要求很高的工作，环保志愿者因使命和兴趣集结，然而专业知识的不足限制了他们志愿服务的效能。"环境问题的解决，很多时候不能仅靠志愿者的一腔热血，还需要专业力量的加持。"在多年的环保实践中，马海鹏一直推动志愿者与科研力量的联合，为环保志愿服务插上"专业化"翅膀，为社会问题的解决提供足够的力量。

全岸线海岸线垃圾研究

2019 年，马海鹏所在机构深圳市蓝色海洋环境保护协会和北京大学深圳研究生院环境与能源学院联合开展了国内首个"全岸线海岸线垃圾研究"。

深圳市蓝色海洋环境保护协会是中国第一家以海洋环保为使命的非营利组织，拥有志愿者 1 万余人。"深圳国际海洋清洁日"是该协会引进的一项大型公益活动，并且持续坚持了 10 多年，每年都能清理出 10 余吨海岸线垃圾。然而，令马海鹏困惑的是，海岸线的垃圾并没有因为志愿者的努力而大幅减少，尤其是在没有人工维护的地方，如礁石区、红树林生物区、人工岸线等，仍然隐藏着很多垃圾。"捡了这么多年垃圾，海洋垃圾却'越捡越多'，所以我们在思索如何真正解决垃圾问题。"

　　为此，马海鹏联系了北京大学深圳研究生院环境与能源学院教授徐期勇，徐教授一直关注以微塑料为代表的海洋污染问题。海洋垃圾污染是一个世界范围内日益严重的问题，但在当时少有相关人士研究深圳市海岸线的海洋垃圾污染情况。因此，以深圳 260.5 公里海岸线为基础，分析不同的海岸线估测深圳海岸线垃圾的数量、种类、分布情况以及来源，就成了环保组织与科研机构共同的目标。2019 年 5 月，两家机构联合发起深圳海岸线监测公民科学家项目，向海洋垃圾宣战。

　　本次调研历时 3 个多月，共出动科研人员及志愿者 600 人次。科研人员首先对深圳海岸线进行分类，按照岸基情况分为 5 类：以礁石为代表的岩基海岸线，以沙滩、石滩为主的砂质海岸线，以滩涂为主的淤泥海岸线，以红树林为主的生物海岸线，以港口码头、堤坝为主的人工海岸线。捡垃圾也与平时不同，调查现场需要在海边划出一块区域，分为近中远三线，并用绳子划出若干方块，随机抽取样方，志愿者再捡拾干净样方内的垃圾。在深圳七八月的中午，马海鹏和志愿者们在深圳海边捡垃圾，取样、称重、分类，并对应 77 个小类，在海岸线垃圾监测采样记录表中填写各类垃圾的数量、重量等信息。

　　2019 年 8 月，北京大学深圳研究生院环境与能源学院和深圳市蓝色海洋环境保护协会联合完成了《深圳市全海岸线垃圾监测报告》。通过对各类型海岸线垃圾组成的分析，发现塑料和泡沫塑料是海岸线垃圾中占比最多的垃圾。这个结果与国内外其他区域研究结果一致。而对各类型海岸线垃圾来源的分析表明，人类海岸活动是各海岸线垃圾最主要的来源，包括饮食垃圾、泳具、拖鞋等，第二大来源则为航

2019 年组织全岸线海岸线垃圾调查

运捕鱼活动，主要是浮标、渔网等。

在本次研究的基础上，结合当地海岸线垃圾管理情况，马海鹏等民间环保人士向有关部门提出了深圳海洋垃圾治理的建议，在一定程度上推动了相关政策的出台。2020年底，深圳市生态环保、海事、海洋、城管等部门联合印发《关于加强深圳市海洋垃圾清理工作的通知》，进一步明确海洋垃圾清理职责分工，规范海洋垃圾清理作业范围和工作标准，建立深圳海域海漂垃圾常态化清理工作机制。[1]

"全岸线海岸线垃圾研究"有力推动了深圳海洋垃圾问题的系统化解决，也为马海鹏带来了更多志愿服务专业化的想象空间。

鲸豚救护

南海之滨的深圳，海域面积2030平方公里，近年来鲸豚搁浅、受伤、死亡的情况屡屡发生，为国内外舆论所关注。

> 2022年5月，西涌海域，一头国家二级保护动物侏儒抹香鲸搁浅，因缺乏专业救护人员和机制，救护期间死亡。
>
> 2021年8月，大鹏湾海域，一头国家一级保护动物布氏鲸生活了2个多月，虽经深圳相关部门联合行动、全国多个科研团队现场研究，但最终仍死亡。
>
> 2021年1—3月，深圳大亚湾海域，11头国家二级保护动物印太江豚先后死亡。其中一头江豚，身上多处螺旋桨外伤，胃中没有鱼虾等任何食物。
>
> ……………

一旦接到消息，马海鹏及其团队通常会第一时间赶到现场。2021年从布氏鲸出现在大鹏湾海域的第一天到死亡的那一天，马海鹏在海上陪伴了40多天。

据介绍，鲸豚类水生野生动物，受海洋自然资源破坏、高强度声学环境干扰、海洋垃圾环境污染等因素的影响，全球数量锐减，诸多种类已列入国际自然保护联盟濒

---

[1] 深圳率先实施海漂垃圾常态化清理"环卫"制度[EB/OL].央视新闻客户端,2021-06-03.http://m.news.cctv.com/2021/06/03ARTIsUapDjFXtJmFv74stJ6u210603.shtml.

2021 年与科研人员一同守护深圳海域的鲸鱼 供图 / 马海鹏

危物种红色名录，为我国一级或二级保护动物。而在粤港澳大湾区的近海，曾经记录到布氏鲸、中华白海豚、印太江豚、东亚江豚、点斑原海豚、侏儒抹香鲸等众多珍稀濒危鲸豚类水生野生动物。

"近年来，深圳市在保护海洋生态环境和生物多样性方面，不断努力，成效显著。但同时，深圳在水生野生动物保护、渔业种业关键技术创新发展方面，仍然面临很大挑战、有很大短板。"马海鹏举例说，深圳海域的鲸豚类水生野生动物的种类与数量如何、生活习性和活动规律如何等，缺乏科学系统的研究，现有资料数据甚少。尤其是鲸豚类水生动物的应急救护机制，还面临着诸多不完善，如快速响应迟滞、公益组织经费短缺、舆情应对不透明、鲸豚尸体后续科研利用机制空白等。

马海鹏联合专业人士向有关部门提出建议，包括开展鲸豚类水生野生动物专项监测调查，构建粤港澳大湾区沿海城市协作的鲸豚应急救护机制，组建政府、高校、科研、企业、民间组织共同参与的专家"智库"体系，加快推进深圳现代渔业（种业）创新园及水生野生动物救护中心筹建，以及加强对海上运动、休闲旅游、航运渔业等的审批监管等。

"深圳'十四五'规划、全球海洋中心城市建设规划中，提出要建设生态之城、美丽家园，体现海湾城市之美。保护海域生态环境和海洋生物多样性，是一个重要方面。"马海鹏表示，如今，从政府到民间，保护珍稀水生野生动物正在成为深圳全社会的共识和行动。环保志愿者积极投身其中，并且通过与科研力量的合作，在建设人海和谐的海洋中心城市进程中发挥更大作用。

　　深圳是一座迷人的城市，气候温润宜人，降水丰富，适合动植物生长。陆域面积 1997.47 平方公里，海洋水域总面积 1145 平方公里。深圳生境多元，由一片陆地、三湾一口和 51 个岛屿组成，既有森林草地河流湖库，又有滨海岩岸沙滩，也有滩涂湿地和咸淡水交汇入海口，多样的地形地貌为生物提供了多样的栖息地，保有了丰富且典型的区域生物多样性。[1]

　　这里是马海鹏的第二故乡，他爱这座城市的山山水水、一草一木。每逢假日或是周末，他喜欢带着孩子或者约三五好友去深圳湾观鸟，去梧桐山寻花，去东西涌穿越海岸线，去山野捡拾垃圾，去城中村探访古树，或者在坝光讲述生态的故事——带孩子感受这座城市的美好，而他给自己的责任是，守护好深圳的每一只鸟、每一条鱼、每一片林子和每一片海。

■ 本篇人物

　　马海鹏，又名"马车"，深圳市南山区社会组织总会秘书长，深圳大学生命与海洋科学学院客座讲师，深圳市坝光自然学校荣誉副校长。从事环境保护与环境教育 10 余年，曾任深圳市蓝色海洋环境保护协会秘书长，先后参与 10 余家深圳市自然学校 / 自然教育中心创建及运营工作，参与和主导 10 余项地域性环境事件的倡议和推动工作。

　　荣获 2016 深圳十佳青年公益人物、2021 深圳市最美自然守护者、2022 年广东省长隆动植物保护奖。

原创｜马海鹏
编辑｜欧阳海燕

[1] 深圳市生物多样性白皮书.[EB/OL]. 深圳市生态环境局, 2021-05-28. https://www.thepaper.cn/newsDetail_forward_18331471.

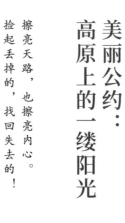

美丽公约：
高原上的一缕阳光

擦亮天路，也擦亮内心。
捡起丢掉的，找回失去的！

——美丽公约

这是一则非常"垃圾"的带货广告。

藏族小朋友卓嘎沿川藏线寻找一种西藏"特产"。"它们一般长在树枝上、峭壁上，也会生长在一些特别美丽的地方，比如河流、树林、草地。而在这条路上，这种特产是最多的。"

走过泥泞的山路，小卓嘎来到公路边的一面"特产"墙边，将沿途捡拾的西藏"特产"——五颜六色的饮料瓶倒进墙上的透明容器中。

"特产"墙 24 小时在线直播，实时更新西藏"特产"的进货数量。

无论你身处这个世界的哪个地方，只要通过网络捐赠平台捐出 5 角钱，就能"买"走一个垃圾瓶，让它永远离开西藏。

这则公益广告是由美丽公约和 TOPic&Loong[1] 共同策划的，目的是带动更多人为青藏高原"带货"，唤起公众保护高原环境的意识。美丽公约于 2019 年 5 月在腾讯公益发起"美丽公约守护第三极"筹款项目，截至 2023 年 8 月，有超过 8.5 万人次参与了"带货"，捐款额达到 119 万元。

《这次带货 非常"垃圾"》公益广告海报

西藏 G318 公路"特产"墙，一种颜色代表一类可回收的瓶子

① TOPic&Loong是TOPic与Loong于2020年成立的联合创意厂牌，由Loong创始人龙杰琦带领。除了商业创意，TOPic&Loong还做公益创意，用创意改善社会，代表作有央视网《取款机爸爸》、阿尔山水象《手写瓶》、微笑行动《戴口罩的女孩》、腾讯公益《名人捐脸勇敢代言》《一个人的球队》《一个人的乐队》《没有尽头的朝圣》《这次带货 非常"垃圾"》《一场特殊的器官"移植"》、百度文心大模型AI画笔连接爱《富春山居图》等。

"5角钱的用途其实有3个。" 美丽公约项目负责人史宁介绍说，一是垃圾瓶分类回收、转运和加工；二是对进藏游客进行文明旅游宣传，包括制作宣传海报、宣传片、环保袋、蓝丝带等；三是美丽公约志愿者服务，如建立志愿者服务队。

据史宁介绍，美丽公约自2019年5月开始推广青藏高原旅游垃圾分类回收，截至2022年12月，在青藏高原地区共回收废弃塑料瓶70.384吨，约267万个。

西藏志愿者分类回收的塑料瓶压缩成塑料砖

2013年以前，史宁还不是公益人，从事旅游目的地宣传和城市品牌营销工作的他经常出差在外，有时候早上醒来，都恍惚自己是在哪一座城市。女儿的出生，让他下决心投入公益事业，同时对工作内容进行调整。于是，他选择了背包出行去做调研，采用大巴车、长途客车、徒步、搭车，甚至摩旅（摩托车旅行）的方式去了很多地方。有一次走滇藏线从大理到拉萨的路上，他不时看到沿路很多秀美风景被遍地的垃圾"毁了容"，孩子们就在垃圾堆上"尽情"玩耍，联想到过去在旅游景区目睹的一幕幕——情侣踩着垃圾堆拍婚纱照、沙滩上随意丢弃的方便面桶、游客们争先恐后拿奶瓶喂鱼……史

美丽公约"三捡客"　从左至右依次是林间、史宁、刘畅

宁开始思考用大众品牌传播的方式，来一场声势浩大的文明旅游倡导活动。

史宁找来了两位朋友——林间和刘畅。林间是广告人，拥有自己的广告公司，刘畅是纪录片导演，代表作有旅行纪录片《搭车去柏林》《一路向南》。3人凭着对旅行共同的爱好、对环境保护的一份责任心和对公益的一腔热忱，联合发起了美丽公约文明旅游公益项目，成为最初的"三捡客"。后来，随着中央电视台新闻主播纳森和资深户外媒体人柯庆峰的加入，美丽公约发起人增加到5人。

守护第三极

世外桃源的尴尬

　　在世界第一大峡谷雅鲁藏布大峡谷入口处、中国最美山峰南迦巴瓦峰下，有一个小村庄，叫玉松村。每年春天，桃花漫山遍野，宛如仙境。但就是这样一个游人眼中的"世外桃源"，却遭遇了河滩上垃圾遍布的尴尬。

　　玉松村位于雅鲁藏布江下游，江水流经村庄时拐了个弯，产生旋涡，将上游村庄、

雅鲁藏布江下游的玉松村　供图／美丽公约

景区丢弃在江中的垃圾冲刷到江滩上，形成了一个 400 多平方米的巨大垃圾场，一眼望去，触目惊心。

2020 年，美丽公约志愿者拍摄到的江滩垃圾场。近年来，随着人们环保意识的提升和垃圾清理工作的加强，江滩上的垃圾数量逐年减少

2021 年，美丽公约拉萨志愿者和雅鲁藏布江志愿者对雅鲁藏布江拐弯处 1 号监测点进行了彻底清理，共清理垃圾 325 袋，分类回收塑料瓶 504 公斤

玉松村的尴尬在圣地西藏并非特例。林芝市鲁朗镇的东巴才村，也深受垃圾的困扰。

鲁朗，有"西藏江南"的美称，在 2017 年 3 月 28 日正式对外开放的第一天，就吸引了 6000 多名游客。2018 年，鲁朗小镇游客量突破百万人。

鲁朗，被誉为"神仙居住的地方"　摄影／美丽公约志愿者 刘智军

　　繁荣的旅游业为鲁朗当地经济和居民生活注入了活力，但游客随手丢弃的形形色色的垃圾，却给这幅优雅"山居图"留下了斑斑伤痕。在东巴才村，还发生过近十起牦牛误食垃圾致死的事件。牦牛是村民的重要财产，一头成年牦牛价值1万元以上，小牦牛也价值5000元左右。牦牛误食垃圾，往往一两年后才会出现肉眼可见的腹胀，但此时已无力救治。

这头牦牛还不知道误食垃圾会带来怎样的伤害

　　每一位爱生活、爱旅行的人，都会对西藏怀着一份美好的向往。那里有湛蓝的湖水、圣洁的雪山、最纯净的笑脸和最闪亮的星空。那里是很多人疗愈身心的地方，也是多少人找寻精神归宿的圣堂。据统计，仅2021年，西藏全年接待游客就超过4150万人次，旅游收入达441亿元。"十三五"期间，西藏累计接待国内外游客1.5亿人次、完成旅游收入2125.96亿元，旅游经济在全区国民经济总收入中的占比达到33.3%。❶然而，与这份"成绩单"不相称的是，以大量饮料瓶为主的旅游垃圾被丢弃在雪山、河流、湖泊、牧场等地，严重破坏了生态环境。与此同时，每年产生的"特产"——饮料瓶数量也达到了3.6亿个。❷以冈仁波齐神山圣湖景区为例，一年清理出来的垃圾就达200吨以上。❸

---

❶ 王泽昊、陈尚才. 2021年西藏接待游客4150万人次，旅游收入441亿元[EB/OL]. 新华网，2022-01-07. http://www3.xinhuanet.com/travel/20220107/7409864d0c9e470f9612feacafa4f740/c.html.
❷ 这次带货，非常"垃圾"[EB/OL]. 美丽公约文明旅行，2021-09-03. https://mp.weixin.qq.com/s/vim20kXzu0dWpCzio9Tjjg.
❸ 西藏发现"新特产"的背后，是让14亿中国人羞愧的残忍真相[EB/OL]. 美丽公约文明旅行，2020-12-29. https://mp.weixin.qq.com/s/eJHDc2FhHXEtViw7qOHI4w.

在青藏高原地区的一个湿地公园，美丽公约调研人员看到，在这个本应是鸟类栖息、植被丛生的地方，河水却是深灰色的，河床上堆满了顺着河水漂流至河边的垃圾。

当地人告诉调研人员，看着自己美丽的家乡被垃圾破坏，心里很不是滋味。事实上，这种情形已持续多年，严重的环境污染对人和动物的健康造成了威胁。

但还不止如此。

每年6月，河水上涨，垃圾就随着河水顺流而下，最终流入雅砻江。雅砻江是金沙江最大的支流，发源于巴颜喀拉山南麓，经青海流入四川，在攀枝花市汇入金沙江（长江上游），沿途经过无数川西小镇，流域内人口达200多万人。

这片总面积约260万平方公里、平均海拔超过4000米的青藏高原地区，是长江、黄河、恒河、湄公河、印度河、萨尔温江、伊洛瓦底江等亚洲著名大江大河的发源地，被称作"亚洲水塔"，流域内总人口约20亿人。

青藏高原其实并不遥远。江河源头的垃圾污染，如果得不到及时有效治理，迟早会影响到我们每个人的生活。

更何况这片土地是那么敏感和脆弱，海拔高、气温低，大气压和氧气含量低，冰川消融、草场退化、水土流失，危机四伏。垃圾问题又雪上加霜。一方面，散落在山间溪流中的塑料垃圾瓶难收集、难清理、难降解；另一方面，青藏高原地缘辽阔，运输成本高昂，除少数市镇外，绝大部分地区都严重缺乏垃圾分类回收、转运、处理体系，大部分地区垃圾处理的方式还都是简单填埋，有的地方没有做防渗等技术处理，等于在地下埋了一个污染源。

2018年12月，珠峰国家级自然保护区绒布寺以上核心区对游客关闭，就是因为珠峰的垃圾量逼近了环境承载力的极限。多年来，大批登山者在山上留下大量人体排泄物和各种非生物降解的登山设备，如睡袋、氧气瓶等。为逐步解决历史垃圾遗留问题，西藏自治区于2018年在珠穆朗玛峰进行了大规模的清理活动，清除了海拔5200多米以上的废旧垃圾8.4吨，还首次对珠穆朗玛峰海拔8000米以上的尸体以尊敬的方式进行了集中处理。此外，还加强了对登山活动的管理，如建立登山环保押金收缴制度，要求每名登山者必须携带8公斤垃圾下山等。

青藏高原，又叫作"世界屋脊""地球第三极"，这片人们心中不可侵犯的圣洁大地，如今却拥有了一个亵渎它的名字——世界最高的垃圾场，这令无数"征服者"愕然，也让慕名而来的朝圣者、旅行者感到无比痛心和羞愧。于是，有一群人，决心为它做点什么，他们从四面八方而来，走上了一条清理进藏公路沿线垃圾的志愿之路。

"蓝丝带"在 G318 公路飘起来

2015 年 9 月，美丽公约志愿者首次亮相云南迪庆·香格里拉端午赛马节。他们支起了宣传岗，将印有美丽公约标志的小旗子、蓝色环保袋和徽章递给过往的游客。简洁干净的蓝色环保袋是一种态度，也是一份承诺，承诺不乱扔垃圾，共同守护地球的蓝天，呵护地球的纯洁。很多游客参与了活动，一路拾捡地上的矿泉水瓶、食品包装袋、烟头等垃圾。活动更是吸引了很多活泼可爱的小朋友，他们比赛谁捡得多，脸上绽放出纯真灿烂的笑容。

美丽公约发起人史宁回忆说，活动结束时，抬眼望去是干干净净的草原，不再是往年赛马节结束后遍地是垃圾的乱象。

赛马节上竞相捡垃圾的小朋友

赛马节活动"首战告捷"后，史宁和志愿者们一鼓作气继续前行，把活动扩大到整个进藏公路沿线，从大理到西藏然乌湖，活动进行了大约 1 个月，行进 1500 公里，沿途清运 2000 多袋垃圾，大约 3 万名游客参与活动，媒体报道铺天盖地。

2015 年 9 月 12 日，美丽公约擦亮天路志愿者在香格里拉金秋赛马节，组织现场游客将整个赛马节现场清理得一片垃圾都没有，得到中央电视台关注

　　"美丽公约擦亮天路"公益品牌一炮打响，象征文明旅游的"蓝丝带"在 G318 公路上飘扬起来。

　　2014 年，史宁在大理遇到旅行插画师陈晓蔓（早寻），晓蔓一直在做环保主题绘画创作，去了很多地方旅行写生，对文明旅游、保护环境有很多自己的理解。史宁邀请她创作了大眼睛热气球标识，黄色的热气球代表着人们对美好旅行的一切期待：健康、快乐、精彩、浪漫，一双发现美的眼睛，带着人们去看美丽的世界，同时也叮嘱大家文明旅游、保护环境。

美丽公约视觉形象——大眼睛热气球

2016 年，在 G318 国道和 G214 国道进藏旅游线路的交会点——芒康县安全检查站，干警们都成为美丽公约志愿者，为过往的游客发放环保袋和蓝丝带

"美丽公约擦亮天路"公益行动持续开展8年，西藏旅游垃圾污染问题得到明显改善

"美丽公约擦亮天路"公益行动以进藏游客接力清理G318公路沿线旅游垃圾为主题，宣传文明旅游，保护高原环境，提升公众对G318国道至拉萨的公路沿线旅游垃圾污染问题的关注度，并自发进行沿线的垃圾收集、清运和处理。2016年，参与活动的人数就超过了10万人次。至2023年，活动持续开展了8年，并发展成为全国联动"守护地球第三极"公益行动，超过200万人次参与。8年前，在进藏公路路边、怒江、澜沧江的水面以及藏区村庄旁，随处可见废弃的饮料瓶、食物包装袋；8年后，捡垃圾的人多了，乱丢垃圾的人少了，西藏旅游垃圾污染问题得到明显改善。"比如G318公路沿线的垃圾能减少50%。"史宁说，"美丽公约的志愿者们在其中发挥的作用还是蛮大的。"

美丽公约十条约定

1. 爱绿水青山；

2. 爱健康快乐；

3. 爱主动互助；

4. 爱诚信买卖；

5. 不乱丢垃圾；

6. 不乱刻乱画；

7. 不乱躺乱卧；

8. 不大声喧哗；

9. 遵守旅游目的地的管理规定；

10. 尊重当地人的习惯、信仰、风俗。

不少人提示史宁，美丽公约这 4 个字挺"俗"的，建议换一个更"炫"的名字。"但可能这就是美丽公约的特点，每个人都能理解，而且刚好比公众的期待往前跨了半步，他能跟得上、够得着，所以才愿意去参与。"史宁说，这也与美丽公约的定位相符。

美丽公约就是希望通过一系列大型活动，带动广大民众的参与，促进公益理念的传播，从而创造出一个代表中国新时代精神的旅游文化符号。

截至 2023 年 8 月，美丽公约在大理、拉萨、北京、深圳、成都、长沙、上海、鄂尔多斯等中国 200 多个城市开展宣传活动，倡导旅游参与者文明出行，共同呵护碧水青山；参与志愿者超过 200 万人次，超过 2000 万名市民、游客参与互动，宣传收视、阅读量超过 20 亿人次；央视知名主持人纳森、金龟子、小鹿姐姐，以及"著名登山家"夏伯渝和"侣行夫妇"张昕宇、梁红等公众人物也都被美丽公约的理念吸引，参与到文明旅游、保护环境的公益行动中来。

鲁朗基地

自 2019 年从纳麦村村民旺久那里租下这座藏式小院，美丽公约在海拔 3700 米的鲁朗小镇就拥有了一个志愿者的家园。每年 3—10 月，都会有 8 批志愿者从天南海北聚集到这里，和一线藏族志愿者一起，身体力行守护地球"第三极"。

美丽公约鲁朗基地外观

一份基地志愿者工作汇报显示，在为期 1 个月的时间里，1 名站长、6 名驻站志愿者和 2 名专家志愿者在高原上开展了擦亮天路清理活动、文明旅游宣传活动、青少年环保小卫士活动以及鲁朗小学支教活动等。此外，还进行了基地大清洁和大改造行动，重新粉刷了美丽公约大眼睛热气球标志墙。

经过几年来村民和志愿者的共同维护，志愿者发现，高原旅游垃圾已经得到了很好的控制，不过从色季拉山观景台到花海牧场的路段，沿途遗留的垃圾还是比较多。在一个月的时间里，开展了 5 次较大规模的清理行动，共清理垃圾 4800 公斤，其中可回收垃圾 1450 公斤；开展了 3 次分类活动，分拣饮料瓶 54720 个。

宣传活动也是基地志愿者的重要任务之一。除了线下宣传活动，如在花海牧场向游客发放可降解垃圾袋和蓝丝带，志愿者也开展了线上宣传，如通过抖音、微博、微信公众号和视频号，持续向外界传递文明旅游的理念。

驻站志愿者在色季拉山口美丽公约标识牌前合影

事实上，每位基地志愿者的工作职责都有制度化的安排。《美丽公约西藏鲁朗志愿者基地管理手册》（2020 年 10 月版）显示，鲁朗基地志愿者由 6 名驻站志愿者和 2 名专家志愿者组成，驻站志愿者驻站时间为 1 个月，专家志愿者驻站时间为 7 天。鲁朗志愿者基地的工作主要围绕"示范、服务、管理、宣传、探索"五个方面展开。志愿者基地的目标是通过驻站志愿者的努力，让每位来到鲁朗小镇的游客、旅游从业者和当地村民都能了解美丽公约的理念，并积极参与到美丽公约"守护第三极"的行动中。

基地志愿者的 5 项任务

1. 示范：在鲁朗小镇进行先锋清理行动、旅游垃圾分类、互动宣传岗、传递蓝丝带、小卫士行动等标准化示范执行。
2. 服务：为各地志愿者服务队提供服务与支持，调配公益物资，整理执行报告。
3. 管理：执行 0.5 元计划，落实 8 个环节的具体工作。
4. 宣传：编写宣传图文、联络媒体宣传推广，参加《守护第三极》真人秀视频拍摄。
5. 探索：环境情况测评，发展户外营地、自然教育内容，丰富美丽公约的旅游文化内容。

经过多年的实践和探索，美丽公约发展出了一套"守护第三极"的行动策略，即 358 执行方案：建立环境保护志愿服务、高原旅游垃圾分类回收、文明旅游宣传 3 个系统；通过全国招募赴西藏驻站志愿者，完成 5 项工作任务，落实人员分工，明确管理环节，培训提升标准化执行能力，推进行动高效开展，不断扩大影响力；通过宣传动员、捡拾清理、分类集中、转运回收、粉碎包装、运回内地、加工再造、监管公示 8 个环节的具体工作，将高原失控的旅游垃圾进行分类回收，形成一个可持续发展的闭环。

"我们花了几年时间，才打通这看似简单的 8 个环节。"史宁说。

在西藏乡村垃圾分类调研中，美丽公约志愿者发现，可回收垃圾在高原的产业链中没有办法处理，那些廉价的塑料垃圾根本没有回收"价值"，山区运输成本又高，回收公司无法收回成本，因此塑料垃圾成了无人问津的废弃物，留在高原的路旁、林间和岸边。

如何让高原上的塑料垃圾"变废为宝"？

美丽公约通过产业链路调研发现，从宣传、回收到再加工，平均一个饮料瓶消耗的成本是 0.5 元。单个成本看似很低，但是对于年均几十万个的量级，仅靠一家或几家机构恐怕难以为继。2019 年 5 月，美丽公约从擦亮天路公益行动发展出了"守护第三极"0.5 元计划，动员全社会参与到项目中来。

美丽公约守护第三极

用于：进藏游客文明旅游宣传、志愿者服务、垃圾分类回收。

美丽公约"守护第三极"0.5 元计划在腾讯公益
小程序上的筹款页面

几年后，看似"微不足道"的 0.5 元计划产生了"可观"的效果。

截至 2023 年 8 月，青藏高原上的美丽公约志愿者开展垃圾清理行动超过 3000 次，并有 21 期来自全国各地的美丽公约志愿者在鲁朗基地完成了每期 30 天的驻站服务。

0.5 元计划也给当地人带来了收入，撬动了本地居民参与垃圾分类回收环保行动。西藏本地居民在各自村落自发组织了志愿清理队伍，将村头村尾的可回收垃圾捡起来分类堆放在临时回收点，这些回收点多是老乡自家的牛棚或者仓库。美丽公约专项基金通过补贴县城回收站运输费，再按拉萨到岸回收价补贴志愿者服务队，将村民回收的塑料垃圾压缩、打包，运往成都。

在垃圾回收公司，塑料垃圾经过进一步清洗、细分类，再加工制成丝线，纺成布料，制成志愿者服装，运回美丽公约志愿者手中。

"'守护第三极'0.5 元计划帮助我们通过垃圾分类回收的 8 个环节，实现了将滞留在高原上的塑料垃圾'变废为宝'，从而有效应对失控的高原旅游垃圾污染问题。"史宁说。

基地志愿者和本地居民志愿者一起将打包好的塑料垃圾装上车

工厂里，塑料垃圾经过更精细的筛选分类，加工制成丝线，纺成布料，制成志愿者工作服

2021 年 5 月 20 日，在中国互联网公益峰会上，美丽公约"守护第三极"公益行动从 6000 多个项目中脱颖而出，获得年度"活力慈善案例"奖项。2023 年 2 月 28 日，在《中国慈善家》和微博联合主办的"坚韧的力量·2022 年度慈善盛典"上，中国少年儿童文化艺术基金会美丽公约专项基金获评"年度优秀案例"。

从"擦亮天路"到"守护第三极"，高原上的美丽公约志愿行动如同一缕纯净的阳光，影响游客超过 200 万人次；美丽公约持续传播的文明旅游、保护高原环境的理念，抵达受众达 3 亿人次。

接
近
太
阳
的

有
趣
灵
魂

"征服是欲望，保护才是爱。"

2020 年 8 月 16 日，夏伯渝第 6 次登上珠峰。这一次，这位七旬长者的身份不是登山家，而是守护者。他穿着美丽公约志愿者工作服，一手拿着登山杖，一手拿着垃圾夹，在珠峰大本营捡拾垃圾，向景区游客宣传文明出行理念，倡导文明旅游，守护地球第三极。

美丽公约公益大使夏伯渝与小朋友携手捡拾珠峰大本营垃圾　供图 / 美丽公约

夏伯渝是中国首位双义肢登顶珠峰的登山家。1975年，26岁的夏伯渝作为国家登山队的一员，在攀登珠峰的过程中痛失双腿。但他从未放弃自己的梦想，在接下来的43年里，凭借非凡的毅力和对登山的热爱，刻苦训练、克服病痛，屡屡尝试再攀珠峰，终于在2018年5月14日10时40分（北京时间），第5次攀登珠峰时登上顶峰。夏伯渝用自己的故事诠释了真正的勇者。他说："世界上不止一座珠穆朗玛峰，其实每个人心中都有一座属于自己的珠穆朗玛峰，它是我们最初的梦想，也是一生努力的坚持所在。"2019年，夏伯渝获得了劳伦斯世界体育奖，成为继姚明、刘翔、中国奥运代表团和李娜之后获得劳伦斯世界体育奖年度最佳体育时刻奖的中国人。2021年12月，讲述夏伯渝勇攀珠峰真实故事的纪录片《无尽攀登》上映，出品人吴京表示，夏伯渝老师穷极一生去完成一个梦想，这一点真正戳中了自己。

《无尽攀登》电影海报

在40多年与珠峰的牵绊中，夏伯渝也见证了珠峰和青藏高原的变化。

第一次挑战珠峰时，大本营设在珠峰北坡，雪线大约在海拔5500米的位置，山峰全被冰雪覆盖，冰川上冰塔林立，蔚为壮观。几十年来，珠峰上的冰川加速融化，最近几年测量的情况显示，珠峰北坡雪线已上升到6200米左右，从前那些冰川奇观基本看不见了。

除了雪线上升，冰川融化还可能释放出冰封下的古老病毒。2020年1月7日，美国俄亥俄州立大学在bioRxiv上发表的一篇标题为 *Glacier ice archives fifteen-thousand-year-old viruses* 的论文指出，科学家在青藏高原冰核样本中发现了古老病毒存在的证据，其中28种是新病毒。一旦这些冰封数万年乃至数十万年的微生物和病毒被释放，人类或将面临一场史无前例的大灾难。

作为攀登者，夏伯渝对珠峰怀有深厚的感情。在登山的过程中经历的"左边是尸，右边是屎"的情景，让他感到"珠峰脚下的环境保护已经到了刻不容缓的地步"。2017年12月，夏伯渝成为美丽公约公益大使，在一次次公益行动中，为年轻的志愿者做出行动的表率。

8月的西藏云层稀薄，在5000米的海拔高度，紫外线直刺在皮肤上。夏伯渝和志愿者一起，夹起垃圾、装袋，循环往复，不知疲惫。

9月，夏伯渝又奔赴鲁朗，与20位企业家、文化名人、媒体记者、志愿者一起组成百人志愿者团队，开展了"美丽公约引领者"公益行动，以研讨、徒步等方式发出"文明旅游、保护环境、守护地球第三极"的倡议。

"我可能不会再登珠峰，但是我想，我们应该给我们的后人留下一个更加干净、更加环保的珠峰。"夏伯渝说。

"你们从外地过来帮我们捡垃圾，保护我们的青藏高原，我作为本地人，更是义不容辞，应该做得更多。"

次仁曲宗，这个美丽活泼的女孩，是西藏的一名导游。"我出生的地方群山环绕，小时候，母亲常说爬山能够增长运气，我们就经常上山唱歌。长大后我做了导游，看到雪山就忍不住唱歌。"有一天，当她从新闻里听到了气温上升、雪山融化的消息，顿时感到无比心痛。不过，仿佛是青藏高原赋予了她一股神奇的力量，她决定用行动去守护自己的家乡。

2016年，她得知了"美丽公约擦亮天路"公益行动，毫不犹豫地加入了进来。

次仁曲宗一手创建了第一支西藏本地志愿者服务队，并且在接下来的几年时间里发展了5000余名志愿者

　　她还一手创建了第一支西藏本地志愿者服务队——拉萨格桑花志愿者服务队，并且在接下来的几年时间里，借助自己导游工作的便利，在拉萨、林芝、山南、那曲、日喀则、昌都等地发展了多达 5000 余名美丽公约志愿者。

　　次仁曲宗建立的志愿者服务队，将清理行动做成了日常工作。每次看到游客丢下垃圾，他们都会默默地将垃圾捡起来，从不责怪。有些游客感到羞愧，会捡拾自己丢弃的垃圾瓶。次仁曲宗说，这样就够了，我们会用行动教会他们文明出行，况且守护祖先留下的净土，也是我们应尽的义务。

　　目前，在青藏高原上，有 65 支本地服务队，6500 多名志愿者几乎每天都在行动。从 5000 多米的雪山，到日常居住的村庄，还有繁华的市区，都有美丽公约志愿者的足迹。

　　白玛加措是美丽公约拉萨格桑花志愿者服务队的一员，自 2013 年开始自发清理藏区垃圾。有一次，他听说雍泽绿措圣湖污染严重，便与 4 位志愿者伙伴相约到雍泽绿措清理垃圾，全程驱车 200 公里、历时 7 小时。5 个人自带干粮、借宿寺庙，13 小时清理出了 30 多麻袋垃圾，累得浑身湿透、头晕脑涨，最后只能瘫坐在地上。白玛加措是一名常年在工地从事体力劳动的工人，他虽然不善言辞，但一直在用行动守护高原的神圣。在回程的路上，志愿者们回头望向自己清理的雍泽绿措，从他们的角度，湖面呈现出了"爱心"的形状。这个发现瞬间化解了他们一身的疲惫。

　　雍泽绿措位于西藏日喀则仁布县德吉镇艾玛乡，周围雪山围绕，湖面海拔约 5300 米，湖形似颅骨，湖水碧蓝，如镶嵌在高山之巅的翡翠，是班禅大师寻找转世灵童的神湖。传说将喜欢的物品扔于湖中，便能照见自己的前世今生，被当地藏民称为观相湖。由于地势偏远，行进困难，少有游客前往，但这里却是很多藏族人一生必去的地方。

志愿者全身挂满从雍泽绿措圣湖边捡捞上来的哈达

清理完垃圾下山时拍摄的雍泽绿措呈现出"爱心"的形状

2018 年 11 月，白玛加措开了自己的抖音账号，将西藏的真实面貌和志愿者日常的清理活动展示给更多人看。截至 2023 年 8 月已经发布了 400 多个视频，拥有 1.1 万个粉丝，获赞 40.4 万个。

西藏本地志愿者最大的特点是善良纯朴、能歌善舞。

"有时候在捡垃圾的过程中，有的队员开始唱歌，大家就会一起跟着唱，休息时队员还会一起跳舞。"美丽公约拉萨格桑花队现任队长次丹普赤在讲述清理行动时，脸上洋溢着喜悦。

次丹普赤是一名餐厅服务员，2017 年开始志愿捡垃圾，2020 年加入美丽公约。几乎每个周末，她和她的志愿者伙伴，都会自发到拉萨附近的旅游景点、寺庙、公路、河边、神山、圣湖周围清理垃圾，没有任何经济报酬，而且还自己掏油费，天亮便出发，干到太阳下山再回家，最多的时候能捡 100 多麻袋垃圾。

藏区山路崎岖，氧气稀薄，垃圾分散，志愿者只能徒步爬山捡垃圾，有时候还要钻进树丛，或者用一根绳子吊在半山腰进行清理，刮伤、摔倒都是家常便饭。然而，

次丹普赤和团队在山上清理垃圾

2022 年 5 月 1 日,拉萨格桑花队的 30 名志愿者到山南泽当贡布日山进行先锋清理行动。此次活动持续 9 小时,共捡拾垃圾 48 袋

没有一位队员提出过放弃，大家一直齐心协力向目标努力。

"每次清理完垃圾，都感觉今天好像赚了多少似的，心里很舒服，回去的时候又唱又跳的。"次丹普赤笑着说。

"当绝无仅有世间绝美的风景和满地堆积束手无策的垃圾，同时突然出现在眼前的时候，泪水就会流下来，同时心里也会更坚定地想要做些什么。"

2019 年至今，有大约 100 名美丽公约志愿者从中国各地奔赴青藏高原，在这片神圣大地上洒下汗水。他们年龄差距大、经历大相径庭、身份迥异，但是他们同甘苦、共担当，为了同样的目标，共同度过了一生中一段纯粹的时光。他们把自己的心情和经历，包括悲喜交加，甚至刻骨铭心，都写在了美丽公约驻站志愿者日记中。

对于很多志愿者来说，花上 1 个月的时间，到西藏捡垃圾，是一次需要鼓足勇气的选择。但第一期驻站志愿者刘智军认为，有些事现在不去做，可能永远都不会去做。而一旦你开始了，可能就会影响你的整个人生。

2019 年 9 月，刘智军在周围人一片诧异的目光中辞掉了国企的工作，穿上了志愿者工作服。"我选择了跳出大多数人走的主干道，探索一点新的人生可能。"在鲁朗，他看到了人类对美好的破坏，但更重要的是，他看到了人性的善良和可爱——50 多岁的房东旺久哥会专门跑到 70 多公里的林芝买一瓶润肤霜来安慰生气的老婆；旺久哥 80 多岁的老母亲会亲自帮志愿者劈柴，然后背上二楼；村里的藏族小朋友操

刘智军（左二）和其他美丽公约志愿者

着一口并不标准的普通话胆怯地向路人宣传保护地球文明旅游的理念；游客也是如此配合地将发放的环保袋叠好放在兜里……这些美好打动着他，也帮他开启了通向心中美好生活的一扇门。

美丽公约志愿者的西藏印象

天真可爱的藏族小朋友

圣洁的羊湖

日照金山

摄影 / 刘智军

铁打的娟姐——美丽公约第六期、第七期驻站志愿者

　　也有不少志愿者像刘娟兰一样，喜欢旅行或者徒步，经历过或者了解到西藏的旅游垃圾问题，希望能做点什么。不过，对于刘娟兰来说，冥冥中被委以了重任，她的愿望实现起来比别人都要艰难——落选三次，第四次申请时附上了300字"短信"阐述情况，才等到面试通知；拿到录取通知书却请不下来30天假，干脆交了辞职申请；动员亲朋好友盯着手机抢了半个月才抢到一张去拉萨的火车票；临行前莫名其妙患上了重感冒，她知道，重感冒一定不能进藏，重则有生命危险；一个星期吃了几年的药，症状减轻，却又经历了人生中第一次误车，欲哭无泪、孤独无助……历尽千辛万苦，也造就了"铁打"的娟姐，她一共驻站60天，送走了第六期志愿者，又留下来带第七期志愿者，传递蓝丝带、拍摄宣传照、主持锅庄舞晚会……只要需要她的地方，她一定会在场。后来，经由美丽公约的推荐，娟姐光荣当选2021年全国文明旅游督导员。"60天在人生的长河中只是一瞬间，可是给我的却是值得一生回忆的时光。"娟姐说。

　　来到鲁朗，志愿者的第一感受通常是震撼——这里的美超越了对美的想象。大学刚毕业并且顺利拿到研究生录取通知书的志愿者阿轩说，第一次意识到课本上写的"牛马成群""雪山巍峨""小溪涓涓"是真实存在的，"生活不只眼前的苟且，还有诗和远方"看起来也不仅仅是一句毒鸡汤。

爱好户外运动的志愿者子峰，更是被鲁朗的"美貌"惊呆了：

从 2017 年喜欢户外徒步开始

走了中国很多个地方
从未知道
中国还有如此美丽的地方
苍翠烟景曙，森沉云树寒
云浮瑶玉色，皓首碧穹巍
············
真的
当你置身云山深处
才知道古人诚不我欺
那些优美唐诗宋词所描述的
都真实存在
只是我们一直没有静下心来
走一段路
看一下乱云薄暮、瀚波江雪

怎么还没回来啊 / 这是最近朋友们问我最多的一句话 / 因为 / 被鲁朗的美貌惊呆了呢
——子峰

志愿者左菁，每天早上起来的时候，总是习惯性地往厨房窗户对面的山上瞄一眼，"真是神奇，厨房对面那座山，真的是一天一个样子，不带重复的"。在花海牧场捡垃圾，也会被美景打动。"毛毛雨还在继续下，路上的泥都还是湿的，即使是这样的阴雨天，依然挡不住花海牧场的美啊，广袤的草原，正在吃草的牛羊，静谧又安详，空气中弥漫着青草的香气和泥土的芬芳，我忍不住深呼吸了几次……"

不过对于久居城市的志愿者来说，突然来到高海拔的乡村生活，难免有些不习惯。"基地生活应该说是艰苦而浪漫的。"专家志愿者唐瑾老师在基地志愿者日记中写道，"因为气压低，白天走路干活都是气喘吁吁的，既不敢走得太快，更不敢你追我跑。晚上迷迷瞪瞪，听着房顶老鼠们细碎的跑步声入睡。黎明，又会被清脆悦耳的牦牛铃声叫醒，偶尔掺杂几声犬吠与鸡叫，人们便有了一天的新期待。时光，似乎放慢了脚步，远山飞雪让人压根儿就想不起来看电视（也没有），白云落日更令人忘却了遥远的城市气息……天气恶劣不劳作的时候，就和萌萌的牛儿马儿对对眼儿，天一擦黑儿，或围着篝火跳跳锅庄，或守着火膛开始今日份的围炉夜话……"

唐瑾老师和其他志愿者一起包饺子　基地所有志愿者都是每天每人 20 元的标准。大家为了协同和节省，两人一组连续两天做全体人员的一日三餐，轮值中，费用不容超标，更不能耽误自己的正常工作

民宿老板关彬初到基地，气候的多变、居住环境的简朴和严重的高原反应，几乎让她萌生了退意。"很硬的床板，'一目了然'的房间，再加上高反，刚来的几天我几乎夜夜难以入眠。想过高原的环境会很艰苦，可当我切身体会到的时候却发

现还是高估了自己的忍耐力。"不过她在心里暗暗给自己加油打气，还是坚持了下来。

关彬作息规律，喜欢早睡早起，回忆一个月的驻站生活，她在志愿者日记里写道，驻站期间最幸福的事，就是每天清晨六点多起来站在高山牧场上，感受大自然的神奇，蓝天白云触手可及、马儿悠闲地散步吃草、悦耳的铃声拂去所有烦恼，"那个瞬间我突然理解了幸福其实很简单的道理"。

关彬最喜欢鲁朗的早晨

志愿者跃跃在驻站第一周的时候，对草地上的新鲜牛粪"有点不适应"。"我们几乎每天都要经过高山牧场去扎西岗村，这条路很是特别，牛在这里肆意活动，它们时而卧在路边的草地上，时而挡在道路中间呆呆地望着你，时而伸着脖子去喝小溪里的水，草地上到处都是新鲜的牛粪。"她在志愿者日记中记录道，不过到了第二周，"我们深入走进牧场采风，那些长在草坪上一大片一大片的、五颜六色的野花调动了我的兴趣，对于牛粪，也已经见怪不怪了"。

在为期一个月的驻站工作中，很多志愿者都经历了从反感、气愤，到悲哀、无力，再到有着更坚定的信念，一定要将擦亮天路做到底的心境历程。

志愿者金华赴藏前有一个雄心壮志，要把西藏的垃圾捡干净，但来到鲁朗之后，就变得沉默寡言了。单一个花海牧场，捡了两次，每次都是一辆"三蹦子"车装不下。同期志愿者左菁记录了一次小树林清捡活动——在一块被落叶和树枝遮挡住的地面上，"垃圾居然比长的绿草还多……感觉是一行人数月的生活垃圾，全都倒在这里，真是啥都有，各种食品袋子、自热食品盒、饮料瓶子、塑料叉子，等等"。一趟又一趟地去车上取袋子、送垃圾，娟姐实在忍不住了，"第一次有种欲哭无泪的感觉"，就赶紧拍了一段短视频，并有感而发：拜托进藏旅游的游客和自驾游的司机们，不要乱丢垃圾了，不堪重负！

志愿者小秋，在最后一个休息日和伙伴们徒步娘约措，往返 28 公里。在海拔近 4500 米的高山湖泊，她看到"岸边散落着食品包装袋，很多包装被风化残缺，甚至有动物啃食的痕迹"。小秋说，失望与不解后，抖擞精神，开始捡拾清理。大家边走边捡——捡也捡不完，一路打趣自嘲，好好的休息日徒步之旅，变成了"丐帮下山"。

志愿者丹尘，此前只身进藏 20 多次，研究西藏文化、风俗民情，这次作为环保志愿者，给了她一个观察西藏的全新视角——目光聚焦于大自然的各种废弃塑料瓶、易拉罐、一次性餐盒、塑料袋、玻璃、金属……更让她感到糟心的是，垃圾有的挂在树上、有的埋进土里、有的藏在灌木丛中、有的卡在了石缝里，志愿者只能爬高上低，用垃圾夹拽、用手抠、用木棍挖……"看着这些坚持和韧劲，我常常在镜头后面默默感动。"丹尘说，在苦难面前，她很少示弱，但有一次在鲁朗林海捡垃圾，看着大家被雨浇、被高反折磨，心里难受，掉了眼泪。

不管是去当地藏民家做客，还是去高山牧场采风，抑或是静静地坐在咖啡店里发呆，跃跃感到自己无时无刻不在享受着大自然的馈赠

"丐帮下山"

在鲁朗林海景区捡垃圾，突遇暴雨，原先说好来接志愿者的车一时来不了。5 个人搭车很困难，站长小魁就让丹尘等 3 个女生在路上搭车，他和志愿者——国家级龙舟运动员任玉龙两个人就在雨中步行了 3 小时才返回基地　摄影 / 丹尘

不过在沮丧的时候，山峰会给他们以力量——远处的南迦巴瓦峰拨开云雾露出锋芒，在巍峨雪山的映衬下，志愿者的动力更大了，大家都不愿意看到圣洁的雪山下垃圾成堆……

游客的鼓励和支持也是一种力量——登上旅游大巴或在公路上遇到自驾车主，或其他骑车的游客，他们的积极响应，绝对是一剂治愈沮丧和失落的良药。

榜样的力量是无穷的——不光有像夏伯渝老师那样伟大的登山家，也有很多平凡的英雄，给心灵以滋养。2018 年 4 月，有一位叫林鹏的年轻人，从四川雅安出发，3 个多月的时间里，不论风雨，靠着一辆二手三轮车、一双手套、一把火钳，沿 318 川藏线捡拾垃圾。在米拉山口，美丽公约拉萨队迎接了林鹏，这样相聚怎能不让人激动！此时，林鹏已经走了 90 天，2000 公里。

纯朴善良的藏族同胞、可爱的小朋友，都给人源源不断的感动和勇气。玉松村村民朵果，早年从事旅游工作，近年来目睹了村庄环境的变化，尤其是世外桃源中那块"牛皮癣"——170 多平方米的巨大垃圾场，心中十分担忧。在村长的支持下，朵果开始组织村民捡拾本村的垃圾，每周二、周五，每家每户至少派一人参与捡垃圾，已经成为该村的惯例。除了本村垃圾，村里每年也会组织一两次去江滩边捡垃圾。在捡垃圾的队伍中，经常会看见一个可爱的小女孩，那是朵果的女儿小拉姆，她拿着垃圾夹，认真的样子非常动人。

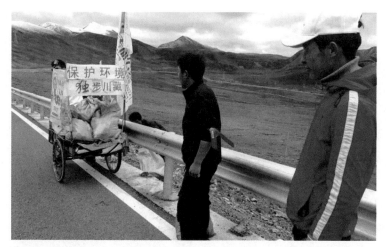

林鹏独行川藏线, 平均每天徒步 20 多公里, 捡六七蛇皮袋垃圾

远眺南迦巴瓦峰的小拉姆　摄影 / 宋卫华

　　还有团队的力量——让他们感觉"聚是一团火，散是满天星"，他们一定会把自己在鲁朗看到的、遇到的和感受到的，传递给更多人，并且带动更多人行动起来。在鲁朗，很多志愿者都在团队的激励下完成了人生中的第一次——第一次主动与那么多路人"搭讪"，传递蓝丝带被拒还多少体验到了一点初恋的感觉，第一次在上千名观众面前宣传文明旅游理念，第一次直播，第一次驾驶"三蹦子"……志愿服务的结束，对他们来说意味着新的开始。"我要把这份'争做文明游客'的理念传递到我所到达的每个地方。"第十五期志愿者、19 岁的王泽豪在志愿者日记中这样写道。

　　娟姐在进藏前后，心境发生了很大变化——进藏前，她决心每天除了吃饭睡觉，所有的时间都要不停地捡垃圾，到鲁朗后，深深的无力感折磨得她无法呼吸。在一次"望不到头"的捡拾之后，她恍然大悟，"我不是一名普通的环保志愿者，我是美丽公约文明旅游的志愿者，我不仅'要去西藏捡垃圾'，我更应该是'美丽公约文明旅游的倡导者、引导者'。捡垃圾只是我们最基本的工作，传递文明旅游，不再有游客丢垃圾才是美丽公约组织工作的终极目标"。

　　对于很多志愿者来说，他们带着梦想而来，却发现这才是一个梦想真正开始的地方。

从鲁朗小镇周边远眺色季拉山　　　　　　林间小溪

鲁朗的星空

摄影 / 美丽公约志愿者 梁惠柔、王梓

没有尽头的朝圣

《没有尽头的朝圣》公益短片海报

2017 年 6 月，有一部电影上映了，它的故事是那么地简单，简单到没有剧本（导演张扬语）。它记录了西藏芒康县普拉村的 11 位村民，在历时一年的时间（2013 年 11 月—2014 年 11 月）里，在海拔 4000 多米的高原，磕长头行走 2500 多公里，去神山"冈仁波齐"朝圣的故事。它的名字是《冈仁波齐》，一部"描述生死，不卑不亢，无喜无悲"（《好莱坞报道》评价）的电影。

2020 年，《冈仁波齐》的主演们再次走上"朝圣"之路，这一次是为了环保。

短片中，《冈仁波齐》中可爱的 9 岁女孩扎西措姆，已经长成 16 岁的美丽少女。她依然走在"朝圣者"的队伍中，重复与当年相似的动作，每走几步就弯腰捡起地上的垃圾，然后继续向前。垃圾捡也捡不完，但捡拾者依然坚定地一次又一次弯腰捡拾，无喜无悲、不畏不惧，就像一次又一次地对大自然的朝圣。

在一次采访中，扎西措姆透露，在去冈仁波齐朝圣的路上，他们看到了太多游客沿路抛出的垃圾，还有因误食过多垃圾死去的牦牛。朝圣之后，她就有了从事环保的意愿。2017 年，她了解到了美丽公约，就加入了进来，并经常和爸爸、妈妈、叔叔一起 4 个人，在家周围和 G318 国道鲁朗镇段捡拾垃圾。

美丽公约志愿者——少女扎扎（扎西措姆）

这则公益短片的主创团队就是创作了《这次带货 非常"垃圾"》的 TOPic&Loong。在腾讯创益人全国公益大赛（2020）上，《没有尽头的朝圣》获得了金奖，《这次带货 非常"垃圾"》获得了突破奖。

朝圣是要用一生去完成的修行

而对大自然的朝圣，

是那么一眼望不到头

在这场没有尽头的朝圣中

愿去过的，准备去的，

只留下美丽的背影，

不要留下垃圾……

2023 年沿国道 G219 调研，来到世界上湖面海拔最高、中国湖水透明度最大的淡水湖泊——玛旁雍错。它与纳木错、羊卓雍错并称西藏三大"圣湖"

■ 本篇人物

　　史宁，中国少年儿童文化艺术基金会美丽公约文明旅游专项基金管委会主任。2012 年开始重点调研文明旅游公益宣传工作，2013 年以主要发起人身份发起美丽公约文明旅游公益主题行动；2016 年被国家旅游局评为中国旅游志愿服务先锋人物；2017 年"美丽公约"组织和"美丽公约擦亮天路"项目分别被国家旅游局评为中国旅游志愿服务"先锋组织"和"先锋项目"。

　　"美丽公约"是"美丽行者公约"的简称，是由旅行者发起的文明旅游保护环境公益行动，以自发的力量，倡导文明、绿色、健康、快乐的旅行理念，守护绿水青山。

采写 | 欧阳海燕

编辑 | 王妍

李本本：天下无『毒』

在李本本和『无毒先锋』的伙伴们看来，电商平台就是网购世界里产品安全的『守门人』。为了保障消费者健康权益，让更多消费者可以安心网购到无毒无害的产品，也减少有害化学品对于环境的污染，『无毒先锋』发起『电商去毒』倡导行动。

『危害健康的有毒产品，从一开始就不应该被生产和售卖。社会各方应当各尽其职。』李本本说，『我们也期待通过我们自身的行动，为消费者带来榜样力量，增强自我保护的维权意识，努力成为一名负责任的消费者，通过绿色消费选择，带来改变。』

当大家把污染危机锁定在水污染、空气污染、土壤污染时，其实谈的都是承载污染的环境媒介，然而有一种污染已经悄然跨越了媒介，它就是有毒化学品。它可能今天在水里，明天在空气里，后天进入土壤，然后到人们的食物里。例如，铅、汞、镉、二噁英、邻苯二甲酸酯等有毒化学品埋伏在我们生活的各个角落，影响着环境与人类健康。

2021年第52个地球日，李本本组织了入职"无毒先锋"以来的第一次线下活动——"春播一粒籽，常护家安康"的化学品管理政策进展与公众参与沙龙。跟前来参与的公众一样，她很期待"给贴心的生活用品做体检"工作坊环节，因为那也是她第一次和"验毒师"近距离接触。

负责"验毒"的是李本本的同事。整个环节充满了惊吓，参与"体检"的产品频频"中奖"：有自制无包装化妆品重金属砷、镉超标的，有塑料玩具溴系阻燃剂超标的，还有保温杯重金属锰含量超标的，尤其是李本本自己带去的一款明显标注316材质的"定制款"保温杯，锰含量超标将近5倍。

这款锰含量超标保温杯原是一家咖啡厅的伴手礼，"验毒"当下，李本本就和咖啡厅老板沟通了检测结果，了解到电商平台是他们的"定制渠道"。定制之初，为了产品安全，老板还特意和商家交代要使用最高规格的材质去做，于是商家推荐了316不锈钢医用级别的材质。但由于咖啡厅老板对产品合格生产需要哪些资质、材质安全如何判断等知之甚少，完全被"医用级别"这四个字框住了。当老板得知检测数据后，根本无法想象"最高规格的材质"居然也会有毒，本想让大家使用到

"验毒师"正在多次验证核准杯子锰含量超标情况。结果显示，锰含量超标将近5倍，达到了9.77%，而根据相关推荐性国家标准的要求，合格的316不锈钢中的锰元素含量应小于2%

放心的特色定制产品，结果却深陷产品安全泥潭。为了顾客的健康，老板立马下架了这款产品。

不锈钢制品为什么会出现锰含量超标的情况呢？

"不锈钢制品中，加入镍是为了防腐蚀、铬是为了防锈，如我们平常所说的'食品级304'不锈钢就要求镍含量为 8% ~ 11%，锰含量 < 2%。"李本本解释说。但由于镍铬材料都比锰的价格要贵，所以很多不锈钢制品都会多加入锰来替代，最终产品便是高锰钢。

由于高锰钢的耐腐蚀性减弱，如果长期使用，一些重金属离子会溶出，然后通过消化道、呼吸道、皮肤或黏膜侵入人体，容易被人体吸收且在体内蓄积。锰有神经蓄积性，因此过量的锰吸收对神经系统的损伤尤其严重。亨廷顿病、阿尔茨海默症和肌萎缩侧索硬化症等都与锰的毒效应有关。❶

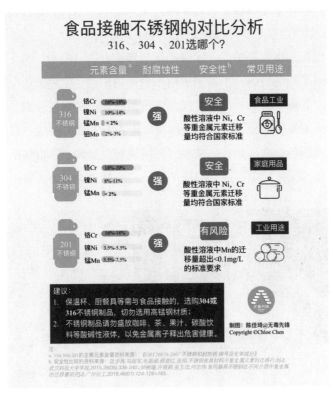

如何选购不锈钢制品

---

❶ 何璇, 何芹, 陈华凤, 等.锰暴露对健康的影响[J].医药前沿, 2017, 7(8):5-7.

"无毒先锋"，是干什么的？

初入机构时，李本本不停翻看机构公众号、浏览机构网站、上网海搜机构其他报道信息，以便快速找到一些关键词，形成对机构的完整理解。一番整理后，映入眼帘的是毒塑料、玩具小黄鸭、橡皮擦、邻苯、血铅、健康、隐形污染、社区检测、入户检测、给电商去毒、毛达、国际化学品三公约、避毒指南、研究报告、发布会……

"我'细思极恐了'。"李本本说。

当下她更加坚信"化学品安全与健康"议题的重要性。"无毒先锋"作为机构发起的品牌行动，除了独立调查、科普传播，更重要的还有企业倡导，目前倡导的主要对象正是电商平台。

刚入职"无毒先锋"时，总有人问李本本为何加入。"其实毫不吝啬地说，只因是毛达博士。"

加入"无毒先锋"之前，李本本的工作领域是垃圾管理。2016 年夏季的一天，李本本当时所在的公益机构邀请零废弃领域的专家毛达博士做线下分享，让她有机会见识这位垃圾管理圈里公认的厉害角儿。毛达博士的一席见解，让李本本对"环保""垃圾"有了更系统的理解，也让她更加确信推动垃圾的健全管理是一件非常值得先行与坚持的事情。随着在垃圾议题上的深耕，"听毛博士一席话"的机会越来越多，李本本

深圳零废弃
Shenzhen Zero Waste

无毒先锋
TOXICS-FREE CORPS

机构标识

也慢慢从"听众"转变为偶尔的工作伙伴。

"在垃圾管理领域工作的几年时光里，毛达博士就是我的一盏隐形照明灯，关键时刻，总有他的出现。"

2017年，毛达创立"无毒先锋"，希望能够让有毒化学品成为环保工作的一个重点领域，从源头上对化学品进行管制，给消费品安全加一道防线

2019年，李本本处于调整状态，兼职为自然之友做零废弃相关的专栏撰稿。年末，毛达突然私信她说，看到她写的专栏内容，想邀请她加入他的团队。原来，毛达在垃圾管理项目成熟运作之后，将目光投向了还没多少人关注的化学品安全与健康议题。

毛达曾在接受媒体采访时表示，口红中铅过量将危害智力，危害孕妇腹中胎儿大脑发育；芭比娃娃、小黄鸭玩具中的邻苯二甲酸酯等增塑剂有生殖毒性，过量会引起儿童性早熟；梭子蟹里镉过量，将导致肾结石、骨质疏松和骨骼萎缩。

然而，除了少数"镉大米""癌症村"、儿童血铅等大规模事件，很少有人注意到这些近在身边的有毒化学品，更没有成体系的数据记录它们，其中很多项甚至尚未被国家认证为"有毒"。化学品污染似乎隐了形，毛达却不打算袖手旁观。2017年，毛达创立"无毒先锋"，希望能够让有毒化学品成为环保工作的一个重点领域，从源头上对化学品进行管制，给消费品安全加一道防线。❶

在正式面试时，李本本才知道，毛达原来已从"垃圾博士"变身"验毒师"，且"无毒先锋"是国内唯一一家以推动消费品为主体的化学品安全管理机构，可谓又一先行之举。李本本激动莫名，她知道自己又该整装待发了。其实从链条上说，化学品安全管理也是在为垃圾健全管理做另一个维度的工作延伸，甚至能辐射更广的范畴——人类的健康问题。

---

❶ 方澍晨，谢雯雯. 检测多款10万+爆款口红后，一名环境学博士决定找电商谈谈[J/OL]. 世界说，2019-11-08. https://user.guancha.cn/main/content?id=195793&page=1.

踏入公益行业，
是冥冥中的注定吗？

在李本本看来，无论是垃圾管理还是化学品安全与健康议题，冥冥中似乎有一种力量在牵引着她。

李本本清楚地记得，13 年前大学第一堂课上，老师让同学们做职业规划，"把你们现在剩下的 10 个最想从事的职业依次减到 3 个"。彼时，李本本手中紧握的 3 个职业是教师、记者、公益人。

"说来也神奇，回顾这十几年来的职业发展，我从未走出这 3 种选择，而每一次的经历都似乎在为我走向公益之路铺垫。"

从大一开始，李本本就在电视台和电台实践，专业对口的她激昂地朝着一名合格的记者努力着。在跟随前辈学习采编播时，她体会了什么叫严肃地对待每一次洞察与真实报道。那时，虽然"打开格局"还未成为流行语，但是在她的学生时代种下了一颗种子，即使再微不足道的人和事，也有值得探寻的价值。

李本本所在的大学校区在大学城，不远处就是留守儿童所在地。大学 4 年间，她有一多半周末时间是在爱心家教志愿活动中度过的。在和留守儿童相伴的时间里，关于爱与奉献，她有了自己的理解。

　　李本本曾经以为记者就是她的终身职业，却不承想她"职"锋一转，一脚迈进了公益行业。在临近毕业时，未曾想好之后要做什么的李本本决定回到家乡。鬼使神差地，在毕业典礼结束后的第二天，她一人拖着行李箱开始行走祖国河川，历经一年有余，小窥了一下世间的酸甜苦辣。2015 年，李本本结束旅行回到故土，命运之锤再次光临。在闲逛一家网站时，她看到一篇公益团队的招募文，自此，她踏入了时至今日还在从事的环保公益领域。

　　关于为什么选择在"环保"领域做公益，李本本说："2013 年前后，经历过雾霾的人应该对环境保护都有一种内心冲动。"而那时，她的家乡河南郑州的雾霾更为严重。当意外进入涉及垃圾议题的环保公益行业时，她把这看作"曲线救国"，"虽然未能直接参与雾霾治理还天空一片蓝，或许会因垃圾得到有效管理而起到连锁反应。事实证明，环境保护中，垃圾管理是其中重要一环"。

在李本本看来，无论是垃圾管理还是化学品安全与健康议题，冥冥中似乎有一种力量在牵引着她

「给电商去毒」？
有点不明觉厉[1]！

从垃圾管理走向化学品安全与健康议题，李本本只是拨动了一下公益职业生涯的角度，开始负责"无毒先锋"团队"电商去毒"业务等品牌影响力的提升和消费者力量构建等工作。

为什么要锁定电商平台？

毛达曾经在一次采访中表示，有毒产品是个庞大的体系，从生产端到消费端链条特别长，其中充斥着资本、法律、社会的博弈。产品测评和"验毒"都只是权宜之计，"无毒先锋"希望找到一个支点，来撬动体系的改变。[2]

网购已经成为这个时代常规的购物方式之一。根据国家统计局发布的2023年上半年国民经济和社会发展统计公报，实物商品网上零售额占社会消费品零售总额的比重为26.6%[3]，已超1/4。

---

[1] 编者注："不明觉厉"为网络热词，意为虽然不明白，但是觉得很厉害。
[2] 方澍晨, 谢雯雯. 检测多款10万+爆款口红后, 一名环境学博士决定找电商谈谈[J/OL]. 世界说, 2019-11-08. https://user.guancha.cn/main/content?id=195793&page=1.
[3] 上半年国民经济恢复向好. 国家统计局, 2023-07-17. http://www.stats.gov.cn/sj/zxfb/202307/t20230715_1941271.html.

在确保这些网购产品安全性方面，电商平台应是一个不可忽视的角色。

电商平台处于连接下游消费者和上游生产、供应商的中间环节，如果能推动电商平台有意识、有机制地不再接收和售卖有毒产品，上下游都将感受到"信号"，在一定程度上，可以有效阻截有毒产品流入市场。

根据《电子商务法》第三十八条，电子商务平台经营者知道或者应当知道平台内经营者销售的商品或者提供的服务不符合保障人身、财产安全的要求，或者有其他侵害消费者合法权益行为，未采取必要措施的，依法与该平台内经营者承担连带责任。[1]

在李本本和伙伴们看来，电商平台就是网购世界里产品安全的"守门人"。事实证明，他们也有能力快速通过一些决策截留问题产品流入市场。

为了保障消费者健康权益，让更多消费者可以安心网购到无毒无害的产品、减少有害化学品对环境的污染，"无毒先锋"发起了"电商去毒"倡导行动。

"电商去毒"倡导行动标识

如何选定有毒产品进行倡导呢？

李本本和同事们会先通过政府公布的官方数据进行舆情分析，锁定高频与棘手的因有毒化学品而产生的问题产品清单，然后选定在能力范围内可以优先攻克的问题产品。接着，采样电商平台上在售销量靠前的产品，并将其送往有资质的第三方检测机构进行检测，最终根据检测报告获知产品是否合格。获得结论后，他们会将问题产品反馈给采样的电商平台，促使问题产品下架，避免消费者继续采买到。与此同时，他们希望能够促成电商平台完善有毒化学品监管的机制，完成上架产品合规化的工作，保障消费者的健康权益。这些过程中，他们也会使用一些其他手法，比如通过问题产品所在地的市场监督管理局等来解决一些问题。

[1] 中华人民共和国电子商务法（2018年8月31日第十三届全国人民代表大会常务委员会第五次会议通过），中国人大网，2018-08-31. http://www.npc.gov.cn/npc/c30834/201808/5f7ac8879fa44f2aa0d52626757371bf.shtml.

多款销量超 10 万支的有毒口红流入市场，揪心了

让李本本感慨至今的是 2019 年的有毒口红事件。她每每想起，依然心有余悸，却自豪感满满。那一年的妇女节，"无毒先锋"在一家电商平台采样了 10 款销量超过 10 万支、均价为 8.6 元的口红。采样商品大多打着"无毒可吃""孕妇可用""学生可用"等营销口号。事实上，在商品评论区内，她们发现，有不少购买者就是看中了"无有害物质，是一支可食用的口红"这一宣传口号。

但事实证明，有资质的第三方检测机构发来的报告显示，10 款采样口红中竟有 4 款存在重金属铅严重超标问题，其中最高超标竟达 1199 倍！而 10 款采样口红均被检出禁用组分——铬。无法想象，那些买到有毒口红的人群里，处在青春发育期的学生和生育期的孕妇占比有多高！

检验检测报告

报告编号：	CAIQS0019001290001					共1页，第1页	
委托单位	深圳市零废弃环保公益事业发展中心						
样品名称	正红色唇膏		检测类别			委托检测	
样品标识	批号：KQ190105 限期使用日期：2024.01.18		样品编号			CAIQS0019001290001	
样品性状	/		储存条件			常温	
包装情况	定型包装，包装完好		样品规格/数量			3.5g*10支	
其他	编号SZZW-1903-3-01		报告日期			2019年04月10日	
检测结果	检测项目	检测方法	单位	标准值	检测值	单项结论	
	铅	《化妆品安全技术规范》（2015年版）第四章 1.3 第一法 石墨炉原子吸收分光光度法	mg/kg	≤10	1.2×10⁴	不符合	
	铬	《化妆品安全技术规范》（2015年版）第四章 1.6 电感耦合等离子体质谱法	mg/kg	/	1.8×10³	/	
	镍	《化妆品安全技术规范》（2015年版）第四章 1.6 电感耦合等离子体质谱法	mg/kg	/	未检出（＜0.010 mg/kg）	/	
	镉	《化妆品安全技术规范》（2015年版）第四章 1.5 火焰原子吸收分光光度法	mg/kg	≤5	未检出（＜0.18 mg/kg）	符合	
	附样品照片						

注：单项结论依据《化妆品安全技术规范》2015年版判定。

口红铅超标 1199 倍检测报告

重金属铅的危害

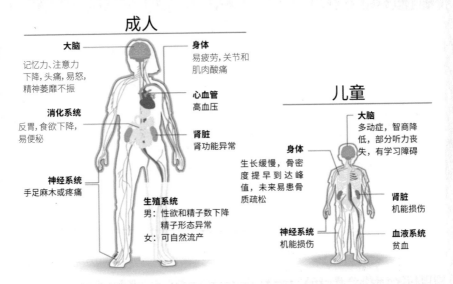

铅是一种累积性毒物，影响身体多个系统，对幼童危害尤其严重。与没有引起明显症状的低浓度铅接触，现在已知可对多个身体系统产生一系列伤害。

身体中的铅分布在大脑、肝脏、肾脏和骨骼。它在牙齿和骨骼中储存下来，会随着时间不断累积。人类的接触程度通常可以通过测量血铅加以估测。骨骼中的铅可在怀孕期间释放到血液里，成为发育中胎儿的接触来源。

参考文献：

铅中毒 [EB/OL]. 世界卫生组织，2022-08-31. https://www.who.int/zh/news-room/fact-sheets/detail/lead-poisoing-and-health#%E6%A6%82%E8%BF%B0.

重金属铬的危害

六价铬对人体健康危害主要为急性和慢性。若短期内接触了大剂量的六价铬，可以导致急性鼻炎、眼睛红肿、口腔炎、呼吸道发炎以及急性胃肠炎，更严重的污染则可能导致很多器官功能衰竭；六价铬的主要慢性危害是可导致肿瘤。

参考文献：

陈雁．铬，一种影响人类健康的"双刃剑"金属元素 [Z]. 中国科学院上海生命科学院，2011-08-16. https://www.cas.cn/kxcb/kpwz/201108/t20110816_3322754.shtml.

　　为了避免更多消费者陷入健康风险，不再受有毒口红的侵害，"无毒先锋"采取了两种举措。

　　一是在得到权威检测报告后，"无毒先锋"与销售疑似问题口红的电商平台沟通；二是向生产商所在地的市场监督管理局举报。虽然结果都是喜人的，但过程却有着不一样的体验。

　　当"无毒先锋"向其中一家疑似问题口红生产商所在地的市场监督管理部门进行举报时，市场监管部门随即就到该厂家进行了现场检查，要求疑似不合格口红产品先下架，并邀请"无毒先锋"参与了该口红的现场抽检。抽检结束后，市场监管部门要求企业联系电商平台的商家，尽量召回已售出的疑似铅超标口红，以保障消费者健康权益。而该企业约200支口红存货被送至市场监管部门保管控制。

　　"无毒先锋"在与电商平台沟通希望其将问题产品下架时，得到的反馈却是等待该平台复检之后才能做决定，原因是对于"无毒先锋"出具的有资质的第三方检测机构的检测报告存疑。最终，"无毒先锋"在等待电商平台复检的第23天才得到反馈，其检测的问题产品确实可信，这才将其下架。遗憾的是，这期间又增加了不明数量的"受害者"。

　　作为普通消费者，我们或许没有能力去检测每支口红或其他化妆品的有毒化学品含量，但李本本希望以下选购技巧能够帮您避免一些雷区。

化妆品选购技巧：查询生产许可证及备案信息

　　在化学品外包装查找生产企业信息，并在国家药品监督管理局网站（https://www.nmpa.gov.cn/datasearch/home-index.html）查询其证照是否有效。若企业未取得《生产许可证》，那么这个化妆品就属于违法产品，可拨打消费者投诉举报专线12315进行举报，维护自己的消费者权益。同时可在化妆品备案服务平台（https://zwfw.nmpa.gov.cn/web/index）查询其产品备案信息。

历时 4 年，小黄鸭去毒记

与电商企业建立真正沟通，互助构建安全网购环境，起始于 2019 年发生的有毒小黄鸭治理事件。"当时发起小黄鸭倡导事件，是因为塑胶玩具更容易存在内分泌干扰物邻苯二甲酸酯（增塑剂）含量超标情况。"李本本说，"关键在于，国家已经明确规定此类玩具须具有真实有效的 3C 认证信息，以保证其安全性。"

邻苯二甲酸酯在男性和女性体内的靶器官

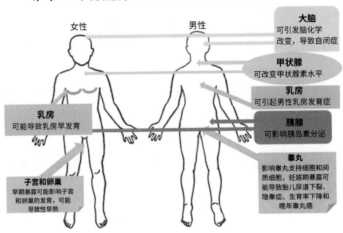

邻苯二甲酸酯(增塑剂)的危害

邻苯二甲酸酯（增塑剂）的危害

　　因邻苯二甲酸酯 (PAEs) 和 PVC 塑料基质之间的化学连接不稳定，PAEs 一旦遇到油脂性物质，就容易从产品中释放，可以通过呼吸道、消化道、皮肤等途径进入人体。PAEs 暴露会干扰人体内分泌系统，增加儿童性早熟、患哮喘、过敏症的风险。其中，DEHP 等类型的 PAEs 暴露，会增加儿童患注意力缺陷、多动障碍的风险，与儿童自闭症的发生也存在明显关联，实验还证实 DEHP 对人体和动物体均具有致癌性。

参考文献：

张蕴晖，陈秉衡，郑力行，等. 人体生物样品中邻苯二甲酸酯类的含量 [J]. 中华预防医学杂志，2003(6)：37-42.

儿童玩具安全选购：3C 认证

　　3C 认证全称为"中国强制性产品认证"，英文名称 China Compulsory Certification，英文缩写 CCC，也就是说 3C 认证对相关产品是具有强制性的。被列入《实施强制性产品认证的产品目录》（以下简称《产品目录》）中的产品包括家用电器、汽车、安全玻璃、电线电缆、玩具等。只要产品种类被列入《产品目录》，该类产品就必须具备 3C 认证后才可以在市场上销售。没有 3C 认证的相关产品上市销售属于违法行为，要承担行政处罚后果。这一认证制度从 2002 年 8 月 1 日起全面实施，认证目录进行过多次扩增修订。

　　需要注意的是，3C 标志并不是质量标志，而只是一种最基础的安全认证。因此，假如该玩具产品连 3C 认证都没有，即表明该产品连最基础的安全都不能保障。

　　家长在电商平台或实体店购买玩具的时候，可以在商品详情处留意是否有 3C 认证标志、编号或字体清晰的 3C 认证证书。为了确保 3C 认证是真实有效的，可登录中国质量认证中心网站 http://cx.cnca.cn/CertECloud/index/index/page 进行查询。

3C 认证

童车类　　电动玩具　　塑胶玩具　　金属玩具

弹射玩具　　娃娃玩具　　机动车儿童乘员用约束系统

国家要求强制 3C 认证的儿童用品及玩具

那时，"无毒先锋"团队也没有想到，有毒小黄鸭的去毒行动一走就是4年，而且开头并不那么顺利。

2019年初，"无毒先锋"首先"盯"上某家商品单价较低的电商平台展开小黄鸭调查行动，按照销量排序购买了排行前十的产品，结果发现10款塑胶玩具中有7款增塑剂超标，超标范围在290～417倍。

拿着这样的结果，"无毒先锋"试图联系该平台，却没有得到回应；转而诉诸媒体舆论，期待媒体在"3·15"消费者权益日专题节目上有所报道，可依然没有任何反响。"这给本是信心满满的我们造成了一定的打击。"李本本表示。

转机出现在当年3月底，广州一家报社联系到"无毒先锋"，对小黄鸭化学品超标事件进行了报道，随之一家电视台也进行了跟进，相关稿件开始在网络上流传开来。

塑料玩具小黄鸭

这时，该平台终于主动联系"无毒先锋"。"然而，第一次沟通并不顺利。正当我们对于后续推进感到消极时，第二次的沟通发生了'质'的改变。"李本本说，该平台做了一些积极的后续工作——对于没有提供商品3C认证的商家，强行要求下架商品，等补齐3C认证信息后才可以重新上架。在这次治理过程中，该平台共断开了1万多个不合规的商品链接。

为了摸清楚问题小黄鸭是不是存在普遍性，也为了市场更具公平性，"无毒先锋"立即将采样的电商平台从1家增加至3家。

结果发现，三大电商平台上销量排名前300的小黄鸭，3C认证信息网页公开率总体仅有 50%，且其真实性、有效性和合规性都存在较严重的问题。在抽样送检的 12 款小黄鸭玩具中，结果显示有 9 款增塑剂超标，超标范围在 124 ~ 312 倍。让"无毒先锋"感到惊讶的是，在这 9 款超标玩具中有 5 款在销售网页出示了 3C 认证信息。

"有意思的是，一系列明确证据表明：在售小黄鸭塑胶玩具增塑剂超标 110 倍，并且该店铺未进行工商登记、产品无 3C 强制认证，其中一家电商平台却依然未进行处理。"李本本说，被逼无奈之下，"无毒先锋"开始通过全国 12315 互联网平台举报该电商企业，要求所在地市场监督管理局对其电商平台加强监管，并追究该电商平台未依法履行资质审核责任。然而，当地市场监督管理局因"商户已提供 3C 认证信息"不予立案，"无毒先锋"只能继续提出行政复议申请，历经 3 个月，赢得复议案，与此同时也推动了市场监管方的改进。

"回望这 4 年，以小黄鸭为代表的搪胶玩具合格率从仅有的 25%，逐年提升到 60%、76%，直至 94%。"李本本说，"我们在死磕隐形污染、保障消费者健康权益的初衷上坚守着。"

在此过程中，当大多电商平台派出公关部门来解决此事时，其中一家电商平台派来了品控部门进行交涉。"这让我们感到莫大的欣慰。"李本本说，产品安全远不应该只是公关部门的事情。电商企业也并非他们想要打击的"敌人"。产品安全，实谓任重而道远。

警惕塑料制品中的有毒添加剂

虽然 2019 年教育部就已经倡导"无塑开学季"，不得强制学生使用一次性塑料书皮，然而只要留心观察一下，每每开学，塑料书皮依然频繁出现，这不仅会产生大量白色污染，还有可能造成健康危害。

据环保机构自然之友向北京市教委办公室发出《呼吁北京市小学取消"强制包书皮"的建议信》，以 80 万名在校小学生（2014 年数据）每人每学期使用至少 15 个书皮估算（6 本书 +9 个作业本），全市小学生每年约使用 2400 万个书皮。2019 年，我国在校中小学生人数约为 1.94 亿人，按每人每学期使用 10 个塑料书皮计算，每学期至少就要用掉 19.4 亿个塑料书皮。

在每学期上亿个塑料书皮中，又有多少不合格的产品在危害着孩子的健康呢？塑料书皮中，常见的有毒化学物质包括邻苯二甲酸酯、氯乙烯单体、多环芳烃、短链氯化石蜡、溶剂残留（主要为苯类物质）等，大多属于致癌物。相关研究报告显示，儿童通过包书皮所接触的邻苯二甲酸酯暴露量为 $0\sim7.99\times10^{-5}$ mg/kg/d，对儿童健康造成的危害较大。[1]

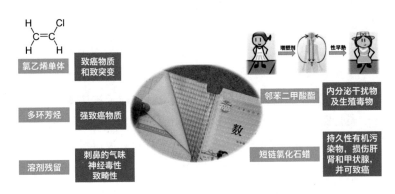

塑料书皮常见的有毒化学物质

值得一提的是，内分泌干扰物邻苯二甲酸酯作为塑料有毒添加剂，不仅常出现在搪胶玩具、橡皮擦和塑料书皮等中，还在其他塑料制品中出现，而出现问题的大都是 PVC 塑料制品。

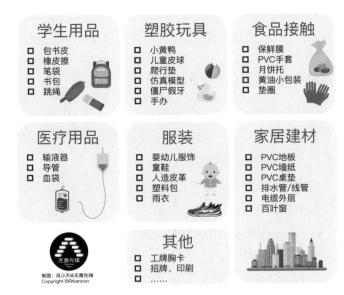

PVC 塑料制品在哪里

① 何贵兵,李锋,何陶建.包书膜中邻苯二甲酸酯的暴露风险评价[J].轻工标准与质量,2018(5):31-32.

PVC 塑料制品的一生

当提到塑料有毒添加剂，绕不开的还有双酚 A，它也属于内分泌干扰物。

但你知道吗？它并不符合"抛开剂量谈毒性"的单调剂量反应关系。

一般情况下，我们通常认为化学物质的剂量越大毒性越高，剂量和毒性关系会被视为是单调剂量反应，也就是呈线性关系。但在现实中，是否所有化学物质都是遵循剂量毒性反应的线性关系呢？低剂量测试无反应时，是否就意味着更低的剂量也是无反应呢？

2022 年 4 月 22 日地球日之际，"无毒先锋"团队开展了电商平台在售热敏纸是否含双酚 A 的调查行动，并邀请到了美国特拉华大学动物和食品科学系的终身教授吴长青做专题科普分享。过程中，吴长青教授针对双酚 A 剂量与毒性关系做了形象化的阐述，表示双酚 A 具有非单调剂量反应（NMDR）特性，在低剂量条件下（远低于传统毒理学研究的剂量）仍有效应，也就是说，它很有可能在非常低的浓度下仍然对人体有危害。

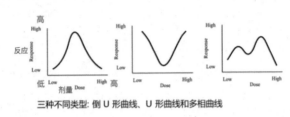

双酚 A 剂量与毒性的关系　供图 / 李本本

(1) 倒 U 形曲线：随着浓度从低到高，干扰作用从很低开始先逐渐升高，升高到最高点后开始逐渐下降。

(2) U 形曲线：在浓度极低的时候有着很高的干扰毒性，但随着浓度的逐渐增大，干扰作用逐渐降低。在降低到最低点后，随着物质浓度的进一步增大，干扰毒性再次升高。

(3) 多相曲线：是一种较为复杂的情况，可以看成前两种曲线的结合。随着物质浓度从低到高，存在不止一个干扰毒性高峰，干扰毒性会先升高再降低，然后再一次升高最后降低。

　　作为一种合成化合物，双酚 A 存在于许多塑料制品中，也存在于罐头食品容器的内衬中。双酚 A 及其替代品——双酚 S 和双酚 F——可能存在于许多常用的产品中，这些产品通常都标有回收代码"3"或"7"或字母"PC"。

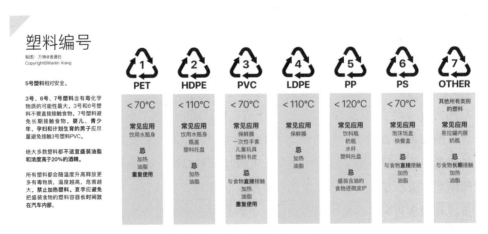

绝大多数塑料都不适宜盛装油脂，所有塑料都会随温度升高释放更多有毒物质

　　包装食品和罐头食品是迄今为止双酚 A 的最大来源。用含双酚 A 的奶瓶喂养奶粉的婴儿体内也检出很高含量的双酚 A[1]，欧盟和中国已明令禁止生产聚碳酸酯（PC）婴幼儿奶瓶和其他含双酚 A 的婴幼儿奶瓶。双酚 A 的结构与雌性激素相似，它可能与雌激素受体结合，影响许多身体功能。[2] 几项研究表明，双酚 A 会对男性和女性生育能力的许多方面产生负面影响。胎儿时期接触双酚 A 可能会影响出生时的体重、激素的发育、行为以及增加日后患癌症的风险。[3] 体内较高的双酚 A 含量会增加患 2 型糖尿病[4]、高血压[5]和心脏病[6]的风险。肥胖女性体内的双酚 A 含量可能比正常体重的女性高 47%。[7]

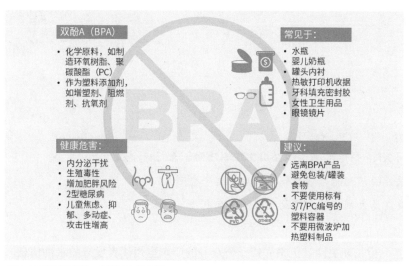

双酚 A 的危害与预防　制图 / 无毒先锋

[1] Food and Agriculture Organization of the United Nations & World Health Organization. Toxicological and health aspects of bisphenol A[R].Ottawa: WHO,2010.Retrieved from https://apps.who.int/iris/bitstream/handle/10665/44624/97892141564274_eng.pdf?sequence=1.

[2] Rochester JR, Bolden AL. Bisphenol S and F: A Systematic Review and Comparison of the Hormonal Activity of Bisphenol A Substitutes[J]. Environ Health Perspect. 2015, 123(7):643-650. doi:10.1289/ehp.1408989.

[3] Diamanti-Kandarakis E, Bourguignon JP, Giudice LC, et al. Endocrine-disrupting chemicals: an Endocrine Society scientific statement[J]. Endocr Rev. 2009, 30(4):293-342. doi:10.1210/er.2009-0002.

[4] Shankar A, Teppala S. Relationship between urinary bisphenol A levels and diabetes mellitus[J]. J Clin Endocrinol Metab. 2011, 96(12):3822-3826. doi:10.1210/jc.2011-1682.

[5] Shankar A, Teppala S. Urinary bisphenol A and hypertension in a multiethnic sample of US adults[J]. J Environ Public Health. 2012, 2012:481641. doi:10.1155/2012/481641.

[6] Lang IA, Galloway TS, Scarlett A, et al. Association of urinary bisphenol A concentration with medical disorders and laboratory abnormalities in adults[J]. JAMA. 2008, 300(11):1303-1310. doi:10.1001/jama.300.11.1303.

[7] Takeuchi T, Tsutsumi O, Ikezuki Y, Takai Y, Taketani Y. Positive relationship between androgen and the endocrine disruptor, bisphenol A, in normal women and women with ovarian dysfunction[J]. Endocr J. 2004, 51(2):165-169. doi:10.1507/endocrj.51.165.

别怕，跟我们一起寻找解决之路

请问 XRF 快速检测仪能否用于检测墙面、天花板涂层？

如果能的话，能否帮帮我，帮我做这个检测？

我实在是太担心了，这段时间愁得觉也睡不好。

这是一位长期关注"无毒先锋"公众号的广东惠州读者发来的求助信息。

故事发生在 2021 年夏季，那时求助者还是一位 2 岁孩子的妈妈，在翻看"无毒先锋"公众号时，浏览到了关于含铅涂料的报告，担心就此隐隐萌发。原因是，2021 年初，求助者为了避开新装修环境的毒害，选购了一套二手房，在签购买合同之前，还专门请了有资质的机构检测了室内空气质量，结果显示合格。本以为可以安心住进新房，结果就在交房的夏季，清扫房子时发现了两个房间四边的装饰条是乳胶漆涂出来的，就回想起了之前看到含铅涂料报告，于是立刻请了当地一位专业做墙艺的人上门检查。结果发现，房屋墙面是肌理壁膜，很不环保。于是，求助者顶住家人的压力，硬是没搬进新房，因为还是担心墙面和天花板的涂层含铅等重金属。

这位妈妈说："有娃后，衣食住行一切我首要考虑的是安全健康。即使我这么上心，孩子一周岁查血铅水平还是低于 20 μg/L，两周岁体检时数值就到了 35.67 μg/L 这么高。"

收到求助后，附近"无毒先锋"团队的"验毒师"即刻出发前往帮助。检测结果也着实令人担忧：通过快速检测仪器 X 射线荧光分析仪（XRF）对求助者家中全屋墙面、家具、阳台、窗户窗框等部位，以及儿童玩具、餐具、厨具等进行了"扫描"排查，发现了较大的重金属铅暴露风险项：

1. 开发商原装的刷漆窗框，铅元素含量超过 2600 mg/kg，相当于材料中超过 0.26% 是铅元素；

2. 阳台的刷漆栏杆，铅元素含量超 2000 mg/kg，相当于材料中超过 0.2% 是铅元素；

3. 自装亚克力的洗漱台，铅元素含量约 3600 mg/kg，相当于材料中约有 0.36% 是铅元素。

检测窗户　检测洗脸池

检测仪在重金属数值较高的情况下会显示红色警告

本次"验毒"所用的检测设备简称 X 射线荧光分析仪（XRF），可以快速检测消费品、涂层、土壤、金属和其他物质中的化学元素。通过分析发射的 X 射线荧光光谱，可同时检测出 20 多种化学元素的浓度，包括锑、砷、镉、氯、铬、铜、铁、铅、锰、汞、镍、银和锌，以及非金属元素氯、溴和磷。检测时间控制在 30 秒至 2 分钟不等。此设备的使用不具备认证实验室的条件和资质，仅供参考。

"其实，家装环境中，我们要格外注意有涂层的产品，尤其是含漆类涂层，不合格的油漆更容易析出重金属铅。而铅是没有所谓安全暴露水平的，哪怕是非常微量的暴露，都会影响我们的健康，特别是孕妇与儿童。如果孕妇在怀孕期间处在铅暴露的环境下，储存在骨骼中的铅就会释放到血液里，从而与胎儿发生接触；当儿童的大脑处于发育阶段，铅暴露可能导致他们智商和注意力下降、学习能力受损，出现行为问题的风险更高。"

"儿童天生好奇心强，同时伴有与其年龄相符的手口行为，很可能会将含铅或者镀铅物品放入口中或者吞下。比如居家环境中，他们可能会从墙壁、门框和家具上取下含铅涂料并吃掉。所以，我们想提醒的是，有孩子的家庭，更需要注意破损或表层有脱落迹象的产品，避免孩子误食，带来健康危害。❶"李本本说。

为了孩子健康成长与居家环境的安全，求助者也在我们检测后针对性地将风险物品进行了更换或采取了防护措施。

在解决消费者网购会买到有毒产品这一社会问题上，"无毒先锋"还有一个更宏观的期待：希望"优控化学品管理"能够在不远的将来成为主流化议题。

短短几年，一系列快速变化已然发生。

2017 年和 2020 年，我国制定并发布两批《优先控制化学品名录》。

2021 年，《中华人民共和国国民经济和社会发展第十四个五年规划和 2035 年远景目标纲要》提出，重视新污染物治理，健全有毒有害化学物质环境风险管理体制的任务要求。

2022 年，国务院办公厅发布了《关于印发新污染物治理行动方案的通知》（国办发〔2022〕15 号）。

2022 年 12 月，生态环境部、工业和信息化部、农业农村部、商务部、海关总署、国家市场监督管理总局六部门发布了《重点管控新污染物清单（2023 年版）》，并于 2023 年 3 月 1 日起实施。

…………

值得一提的是，2001 年，国际社会通过《关于持久性有机污染物的斯德哥尔摩公约》（以下简称《公约》），对持久性有机污染物类（POPs）有毒有害化学物质采取全球行动。❷ 中国是首批《公约》签署国。

---

❶ 更多有关预防铅中毒的知识参见：拒绝铅中毒，守护百万+. 联合国公众号，2022-10-26.
❷ 关于持久性有机污染物的斯德哥尔摩公约. 联合国. 通过日期：2001年5月22日；生效日期：2004年5月17日，https://www.un.org/zh/documents/treaty/WIPO-2001.

自 2001 年 5 月签约以来，我国严格落实《公约》各项责任和义务，POPs 污染防治取得了积极进展。例如，我国全面淘汰了六溴环十二烷、硫丹等 20 种 POPs 的生产、使用和进出口，停止全氟辛基磺酸及其盐类和全氟辛基磺酰氟（PFOS/F）生产并严格限制其使用。清理处置历史遗留的上百个点位 10 万余吨 POPs 废物，提前 7 年完成含多氯联苯电力设备下线和处置的履约目标。❶

作为一家公益组织，"无毒先锋"也在努力让晦涩难懂的有毒化学品走进公众的视野，用知识沉淀为消费者铺陈一个保护消费者健康权益的镇守之地。

2021 年，"无毒先锋"与自然之友盖娅设计工作室联合完成设计与制作"行走的科普站"——无毒家居样板间。希望在 20 平方米大小的空间里，通过交互式居家环境的"衣食住行"场景，在"认知墙"的帮助下，感知居家环境中存在的化学安全风险。从而警示消费者，要从采买源头有效杜绝有安全隐患的物品，消除该类商品引发的潜在风险，把健康守护落实到家庭生活环境的细节之中。与之配套的"认知墙"是小程序"无毒先锋+"，可以让消费者快速检索自己想要了解的产品安全信息。截至 2023 年 7 月，小程序已收录了超 150 款产品的风险信息，未来也将根据实际情况不断完善。

"无毒先锋"团队在无毒样板间的合影

---

❶ 薛丽萍. 履约与新污染物管控，朝一个目标前进！中国环境公众号，2023-03-02. https://mp.weixin.qq.com/s/hxlcZz6QSehnyd9yTrwrfA.

　　"危害健康的有毒产品，从一开始就不应该被生产和售卖。社会各方应当各尽其职。"李本本说，"我们也期待通过我们自身的行动，为消费者带来榜样力量，增强自我保护的维权意识，努力成为一名负责任的消费者，通过绿色消费选择，带来改变。"

"无毒先锋 +"小程序

■ 本篇人物

　　李本本，深圳市零废弃环保公益事业发展中心（以下简称深圳零废弃）传播主任，负责"无毒先锋"团队的"电商去毒"业务等品牌影响力的提升和消费者力量构建等工作；曾任零废弃公益联盟传播主任，负责"壹起分社区计划"。

　　"无毒先锋"是深圳零废弃发起的一项旨在促进化学品安全与健康的公益行动。它主要通过独立检测、科普传播和企业倡导等活动，促进消费品中有害化学物质的严格管控，使公众远离健康风险。它同时致力于与社会各界合作，共同推动化学品健全管理的制度建设和行业实践。

原创 | 李本本

编辑 | 王妍

赵亮：我不是孤勇者

人类学家玛格丽特·米德说："永远不要怀疑，一小群有想法、肯付出的人竟能改变世界。事实上，世界正是这样被改变的。"

过去10年，空气侠是中国大气污染防治中一支不可忽视的民间力量。"我们一直在现场，同时我们也看到环境的改善，朋友圈能看到越来越多人在晒蓝天。这个改变是因为有多方参与，它来之不易，属于我们每个人。"

　　赵亮对"侠"字情有独钟。在他看来，"侠"是责任，是韧性的行动，意味着在他人需要的时候挺身而出，尽自己的一份力量。他为自己创办的环保组织取名"空气侠"，朋友们会亲切地称他"亮侠"。10 年来，他和志同道合的伙伴们一起，在环保领域"行侠仗义"，足迹踏遍 28 个省（区、市）的 100 多座城市，监督排污企业，推动超过 600 个典型案例整改，累计撬动企业环保治理投入 36 亿元。

　　2022 年夏天，《南方周末》颁给他一个奖——年度责任先锋。上台领奖时，他感觉"不真实"，同台的竟是中国金融学会绿色金融专业委员会主任马骏、联合国开发计划署可持续发展目标影响力指导委员会委员马蔚华、中国上市公司协会会长宋志平和新东方教育科技集团董事长俞敏洪。❶

赵亮在 2022 年"年度责任先锋"领奖台上发表获奖感言
图片 /《南方周末》授权使用

❶ 聚焦可持续商业与零碳未来，第十四届中国企业社会责任年会在穗举办. 南方周末, 2022-07-30. https://www.infzm.com/contents/232171.

　　"他们都是各个领域优秀的思想者与行动者、创新者。其中，也包括自己心中的偶像。所以与他们同时出现在这个平台上，很振奋。"赵亮说，"但同时，我也想说，我能站在这个平台上，是大家对我和空气侠团队工作的认可与鞭策。"

　　领奖台上，年轻其实并不是赵亮最重要的标签，"草根"才是。空气侠虽是中国本土大气环境调研和推动治理领域最活跃的机构之一，但全职员工只有 2 名，其中包括赵亮，此外还有几名兼职员工。空气侠的大量工作主要依靠遍布全国的志愿者网络、专家学者、行业伙伴以及媒体伙伴等，也越发得到政府和企业的支持。可以说，正是由于公众的参与，才使空气侠成为过去 10 年中国大气污染防治中一支不可忽视的力量，他们代表中国民间的力量、草根的力量、自下而上的力量和公众监督的力量。

　　人类学家玛格丽特·米德（Margaret Mead，1901—1978）说："永远不要怀疑，一小群有想法、肯付出的人竟能改变世界。事实上，世界正是这样被改变的。"空气侠的故事印证了这句话，并且进一步阐释了，改变是通过发动更广泛的公众参与发生的。"这 10 年来我们一直在现场，同时我们也看到环境的改善，朋友圈能看到越来越多人在晒蓝天。这个改变是因为有多方参与，它来之不易，属于我们每个人。"赵亮说。

松花江水污染和一个『行动派』的诞生

上大学前，赵亮都是生活在中国西部的大山里。在"山连着山"的环境中，他特别好奇，外面的世界是什么样子。赵亮有一个爱好，就是看地图册。看到辽阔的河山，他的心也仿佛飞了出去。

填报大学志愿时，赵亮的想法是越远越好。于是，他填报了黑龙江省的一所学校，就读了环境监测与评价专业。

2005 年 11 月，刚刚入学 3 个月的赵亮就遇上了震惊全国的松花江水污染事件。吉林石化公司双苯厂一车间发生爆炸，约 100 吨苯类物质（苯、硝基苯等）流入松花江，造成了江水严重污染，沿岸数百万名居民的生活受到影响，哈尔滨连续停水 4 天。赵亮当时特别恐慌，无法安心学习，加入了抢矿泉水和方便面的行列。

这件事对赵亮的影响很大，不仅让他感受到了环境问题的影响力，还触发了一个拥有环境专业背景的公民的责任感，或许也唤起了他骨子里的侠义之气。他决定，不能坐视不管，要行动起来！多年以后，赵亮回忆起松花江水污染事件时说："这可能是我人生中的一个重要转折点。"

这一年，赵亮加入了学校的环保社团，成为一名环保志愿者。

他和伙伴们冒着早春的严寒去松花江边捡垃圾。这样的一个行动，让赵亮心中那颗环保的种子落了地。他们也走进社区征集易拉罐，在与居民的互动中，赵亮发现了公众参与的力量。

他们还去了科尔沁大草原，曾经"风吹草低见牛羊"的一片草原，彼时却是黄沙漫天、盐碱遍地。赵亮感觉心里一阵刺痛。

在科尔沁的志愿活动中，赵亮遇见了一位"传奇"人物——万平。1999 年，万平在一个荒漠化异常严重的村庄承包了 1500 亩沙地，从这里开始了他的治沙事业。2000 年，万平辞去工作，带着 30 万元积蓄，破釜沉舟，走进那片沙地。万平孤胆英雄式的治沙故事激励了一批又一批志愿者，其中就包括赵亮。

"万平老师符合我对'孤勇者'最早的一个定义。"赵亮说，后来在自己的事业遇到困难的时候，他就会想："再难，会有万老师难么？要有勇气，认定的事情，就要坚持下去！"

民间治污
风起云涌

大学毕业后，赵亮入职政府部门，拥有了一份相对稳定的工作，但他发现自己总是坐不住，他渴望冲出单位的一扇扇大门，就像小时候想要飞出老家的一座座大山，他要去一线！他要走出去做自己想做的事！

2011 年，工作 3 年后，一颗无法被束缚的心，再也压抑不住了。他辞掉工作，迫不及待地冲向广阔天地。

也是在这一年，发生了一件冲击公众认知的事件。2011 年冬天，美国驻华使馆的空气监测设备显示，造成雾霾的主要污染物 $PM_{2.5}$ 浓度一度达到惊人的 $522\ \mu g/m^3$，并标注为"有害的"（hazardous）。然而，中国政府的官方数据显示，北京的空气质量仅仅是"轻度污染"，这引发了公众的质疑，一些民间环保组织和志愿者在全国多个城市发起了"我为祖国测空气"运动。

彼时，赵亮正在天津。该事件发生一年前，他通过网络结识了一些年轻人，在线上发起了一个环保组织，当时叫"未来绿色青年领袖协会"，也就是现在的"天津绿领"，这是赵亮参与发起的第一家环保组织。

辞职后的赵亮直接奔赴天津，积极参与到"我为祖国测空气"的全国联动中，用专门的仪器测量空气质量，并将测量出来的 $PM_{2.5}$ 值公布在微博上，参与话题互动，与上海、武汉、广州、南京等城市的环保组织相互呼应。该行动也得到了网络大 V 的响应和支持。一时之间，"我为祖国测空气"火爆全国，《南方周末》在报道中称，

PM$_{2.5}$ 指标迟迟未列入国家空气质量体系，民间掀起了热热闹闹的自测行动，如雨后春笋，大有"倒逼"官方发声的趋势。[1]

与此同时，自然之友、公众环境研究中心、达尔问自然求知社，也包括赵亮所在的天津绿领等 21 家国内环保 NGO 联合公开致信国务院法制办和环保部，吁请环境监测信息公开。

这场自下而上的倡导行动，为推动中国将 PM$_{2.5}$ 纳入国家空气质量标准发挥了重要作用。2012 年，中国修订和发布了《环境空气质量标准》（GB 3095—2012），其中增加了 PM$_{2.5}$ 指标，收严了 PM$_{10}$、NO$_2$ 指标；CO、O$_3$、PM$_{2.5}$ 3 项污染物成为新增监测项目；2013 年 9 月，国务院印发《大气污染防治行动计划》，即"大气十条"，对 PM$_{2.5}$ 浓度下降提出了具体目标。中国由此进入了大气污染防治的"黄金十年"。

民间治污也进入一个"风起云涌"的时期。公众环境研究中心开发了"污染地图"（"蔚蓝地图"前身）数据库，公众可以实时查询工业废气、废水排放数据和上传自己拍摄的污染水体图片，并以此为依据向当地环保部门举报。通过社会监督推动环境法规得到执行。

2013 年，在中国华北地区，一支由志愿者组成的"中国空气观察"团，对华北地区的北京、天津、河北、山东等 12 个城市在空气污染治理尤其是煤炭控制方面的政策有效性进行调研，赵亮也参与其中。在"华北煤调查"过程中，赵亮等志愿者发现，钢铁厂对空气质量的影响非常明显，河北省"全省二氧化硫的排放量，26.6%出自钢铁产业。烟粉（尘）排放量中，来自钢铁的占比更是高达四成"。同时，志愿者们也发现了空气污染治理症结之所在，"中国环境保护至今困难重重，就是因为长期忽视公众参与导致，因此想要推进华北的雾霾治理，公众参与和信息公开，都是必要的前提条件"。[2]

从 2011 年至 2013 年，赵亮从"我为祖国测空气"运动中受到了鼓舞，也从"华北煤调查"中受到了启发，他逐渐明确了自己未来要做的事情——发动公众力量，关注空气质量。

[1] 我为祖国测空气. 南方周末. 2011-10-27. http://www.infzm.com/contents/64281.
[2] "华北煤问题"首期报告. "自然大学"公众号. 2014-04-22. https://mp.weixin.qq.com/s/4QPXnoSF1ra73Q6W5jb-dA.

蔚蓝斗士

　　"华北煤调查"的一大成果是各地关注空气质量的环保组织自愿发起了一个网络平台——"好空气保卫侠"。2014 年春，赵亮在此基础上创办了"空气侠"实体组织。国内第一家专注空气保护议题的环保组织诞生了。

　　钢铁工业因其大气污染物排放贡献及社会关注度，成为空气侠优先关注的行业。邯郸、唐山、邢台、石家庄、安阳、长治等城市所在的京津冀及周边地区，都是空气侠蓝天守护行动的主战场。

　　空气侠创办初期，赵亮和同事们每天就是趴在微博上收集举报线索。由于缺少专业的检测设备，志愿者们只能"用眼睛看、用鼻子闻"。

　　2014 年 6 月，赵亮在河北邯郸发现了一家烟气排放异常的钢厂，因苦于没有检测设备，赵亮情急之下干脆就在污染企业旁边的麦田里躺了一个晚上。第二天早上，带着满脸从钢厂飘过来的黑色颗粒物，直接去环保局举报。

　　"其实这样的'人肉取证'现在看起来特别可笑，但是当时没有任何装备，环境问题又出现在身边，我觉得不能就此退缩。虽然也有

赵亮走出河北邯郸一处钢铁的废渣山　摄影 / 周娜

一些效果，但还是远远不够。空气侠早期只有两三个人，主要以我为主，所以过去我们的调研就是每个人去关注一座城，这简直是天方夜谭。"赵亮无奈地表示。

自 2011 年冬 $PM_{2.5}$ 进入公众视线以来，人们对空气质量的关切日益提升，在 2015 年春柴静雾霾调查《穹顶之下》播出时，相关舆论达到了一个新的高峰。

这一年，被誉为"长了牙齿"的新环保法实施[1]，对于中国环境保护而言是一个重要的里程碑。"法条中多次提到公众参与环境保护，公民和环保组织可以依法监督、举报环境污染，这给我们带来了信心。"赵亮说，"为了让企业更重视举报，推动污染问题得到整改，我和同事们在向环保部门反映线索之外，还会查询污染企业的在线监测数据，通过数据确认企业的排污信息，申请环评报告等资料的信息公开。"

同样在 2015 年，环保部于六五环境日开通了 12369 微信举报平台，赵亮成为最早一批参与内测的观察员。经测试，举报的问题在大约一周后就得到了详尽的答复。微信举报拓宽了环保举报渠道，提升了公众监督的便利性，公众通过公众号即可将环境污染问题提交至全国环保举报联网平台，由污染发生地环保部门进行查处，上级环保部门对举报处理过程进行监督。运行仅半年，12369 微信举报平台就收到并办理公众举报 13719 件，远超环保举报电话和网上举报的数量（1145 件）。[2]

赵亮在河北某工业区附近开展大气环境观察时拍照取证　摄影 / 晚稻

[1] "长了牙齿"的新环保法正式实施: 罚款没有上限. 中国经济网, 2015-01-01. http://finance.ce.cn/rolling/201501/01/t20150101_4245182.shtml.
[2] 关于2015年全国"12369"环保举报工作情况的通报. 中华人民共和国生态环境部, 2016-02-26. https://www.mee.gov.cn/gkml/hbb/bgth/201603/t20160302_331049.html.

为提升群体举报效率，2016 年，在中央环保督察组进驻河北后，赵亮牵头编写了《中央环保督察公众参与指南》。随后，又主持编撰了一份"傻瓜式"《大气污染物观察图鉴》，公众只要翻看照片便能轻松分辨有组织与无组织排放、冒烟的性质及可能出现问题的具体环节等基础污染事项。这本图鉴后来作为山西省大气公众监督员培训的配套"参考书"被广泛使用。

大气污染物观察图鉴

同年，空气侠还应邀来到黑龙江省齐齐哈尔市的一个小村庄，协助当地农民完善举报材料。这一次，赵亮带上了先进设备——无人机，准备拍摄化工厂里堆放的污染土地的电石渣。当时是 12 月，气温大概在零下 20 摄氏度，无人机根本"扛不住"。后来赵亮想了个办法，先在农民的炕上把电池捂热了，然后装在无人机上起飞，最终成功拍摄了电石渣形成的白色"山丘"。

在这里，赵亮遇见了人生中的第二位 "孤勇者"——王恩林。

这是一场发生在一群农民和大国企之间的旷日持久的"较量"。化工厂排放的废水、产生的废渣，污染了几千亩良田，过去肥沃的黑土地大量减产，甚至绝收。当地农民联合起来"维权"。然而，对手是纳税大户，任凭农民"告"了十几年，仍旧没有"讨到一个说法"。

村民王恩林，泥瓦匠出身，仅有小学三年级文化水平，但在十几年与污染企业的"斗争"中，自学了法律，《土地管理法》相关条款几乎倒背如流，《物权法》❶相关条款信手拈来……一本《新华字典》被他翻得变了形。就凭着一股子"死磕"精神，王恩林硬生生把自己"磕"成了村里的"土律师"，村里有人需要法律咨询都会找他，当地官员也都知道他"糊弄不得"。

为了"维权"，王恩林倾其所有，他始终相信，官司能赢。事实也是如此。在第一纸举报材料递上去 14 年、村民起诉了 8 年之后，化工厂污染耕地案终获得立案，并且在环保组织、公益律师、媒体以及志愿者的支援下，一群农民终于打赢了大国企！❷

在"蔚蓝斗士"的荆棘路上，王恩林的故事给了亮侠很多力量。"沉得住气，下得了功夫，难关终将土崩瓦解！"2018 年 8 月 8 日，王恩林终于可以永远地休息了，他赢了战斗，却来不及等到生态农业壮大起来。

亮侠在心中怀念这位勇者，"我想告诉他，2018 年以来，发生了很多事情，他心心念念的黑土地也立法保护❸了！东北大地将会越来越美丽！"

电石渣污染了村里的土地、水池，导致土地颗粒无收，水里没有任何活物 航拍 / 赵亮

2016 年 11 月，在齐齐哈尔榆树屯王恩林家。王恩林大叔说："我们不放弃！9 年都坚持下来了，现在更不会止步！"

❶ 2020年5月28日，十三届全国人大三次会议表决通过了《中华人民共和国民法典》，自2021年1月1日起施行。《中华人民共和国物权法》同时废止。
❷ 关于该事件的报道参见何林璘. 数千亩黑土地遭央企齐化集团污染 六旬老人维权16年. 中国青年报，2017-02-03. http://finance.people.com.cn/n1/2017/0203/c1004-29055168.html；黑化集团和齐化集团破产清算工作正式启动. 市国有资产监督管理委员会. 齐齐哈尔市人民政府. 2019-05-17. http://www.qqhr.gov.cn/News_showNews.action?messagekey=171885.
❸ 2022年6月24日第十三届全国人民代表大会常务委员会第三十五次会议通过《中华人民共和国黑土地保护法》，该法的颁布，对于筑牢黑土地保护的法制屏障，利用好黑土地，确保黑土地不减少、不退化，对于保证粮食生产等具有重要的意义。参见《中华人民共和国黑土地保护法》. 中华人民共和国生态环境部. 2022-06-24. http://www.jlrd.gov.cn/mobile/xwzx_136062/rdyw_136115/202208/t20220802_8529544.html.

转战汾渭平原

在"主战场"河北地区"征战"了几年，空气侠发现，空气污染最糟糕的地方，已经不再是他们一直以为的河北，而是黄河流域中下游地区的山西、陕西与河南三省交界的区域，临汾就在这样一个区域内。

2017 年初，临汾的二氧化硫"爆表"，二氧化硫浓度一度达到了每立方米 1303 微克，市民反映空气中存在烧煤的味道，晚上比白天更严重。而世界卫生组织给出的建议是，人不应该在大于每立方米 500 微克二氧化硫的环境中持续待 10 分钟，或者不应该在每立方米 20 微克二氧化硫浓度的环境中持续待 24 小时。❶

空气侠闻讯立即出击，联合了包括当时的绿领和临汾当地的一些环保行动者，一起开展调研。同时，也启用更先进的装备，如便携式检测仪、无人机。有了这些技术设备的支撑，空气侠把临汾周边地区的主要工业污染源（钢铁、焦化等企业）都排查了一遍，找出问题所在，形成了一份相对扎实的观察报告——《临汾二氧化硫事件第三方调查报告》。

"虽然现在来看，这个报告并没有非常强的专业性，在当时对于我们来说已经是很大的一个提升，因为我们在这个报告里面不仅关注了焦化行业的重点工厂的排污情况，也关注了居民散煤燃烧的问题，还包括了重卡柴油车运输的问题。"赵亮说。

随后，空气侠又在微信公众号上发表了《硫忙旋涡，多家企业在裸奔》的文章。"应该说，微博、微信这些自媒体平台给我们环保组织提供了很大的方便，更多的

❶ 山西临汾二氧化硫"爆表"：环保局称正调查. 北京青年报. 2017-01-08. https://huanbao.bjx.com.cn/news/20170108/802138.shtml.

关注才能引起足够的重视。"赵亮表示。文章发出后，临汾市的相关部门把情况反映给了市政府。对此，时任临汾市市长、副市长、秘书长等领导予以批示，要求对空气侠所反映的问题，进行认真核查、严肃处理、严格整改。[1]

临汾二氧化硫事件之后，空气侠的关注视域开始转向陕晋豫三省交界地区，工作主场也从京津冀转移到了汾渭平原。

赵亮介绍，汾渭平原地区是二氧化硫全国平均浓度最高、$PM_{2.5}$ 浓度第二的一个区域。这是结构原因导致的：一是汾渭平原能源消费以煤炭为主，煤炭消费占比近90%；二是重化工业布局集中的产业结构；三是公路运输为主的交通运输结构，随处可见重卡柴油车辆呼啸而过。在相当长的时间里，三个结构没有发生本质的转变，它的污染问题短期内是很难有效改变的。

"我们必须向结构开刀、啃硬骨头！"亮侠说。但是作为一家民间环保组织，要怎么做才能有效推动改变呢？

在过去相当长的一段时间内，空气侠和企业的关系一直处于一个博弈的状态。这群年轻人会一遍又一遍地去关注、去拍照，把他们的污染问题揭露出来，被媒体称为污染侦探。在调研过程中，被车追、被放狗咬的事件也屡见不鲜。但赵亮逐渐认识到，这种与污染企业"对撕"的方式，并不是促进环境问题解决的最佳方案。

"我们需要调整策略！"亮侠说，"我们不单单要出现在问题的现场，我们不是消防员。我们必须把相关力量联合起来，一起去探讨！"从那个时候起，亮侠感到，是时候和"独行侠"时代说再见了。

2017 年 1 月 13 日,山西临汾某焦化厂   航拍 / 赵亮

---

[1] 临汾市大气污染防治行动指挥部办公室.临汾市大气污染防治行动指挥部关于空气侠反映问题的处理整改情况报告: 临气指发〔2017〕51号.2017-03-01. 受访者提供。

韩城模式

随着工作主场从京津冀转向汾渭平原，空气侠的工作重心也发生了改变。

空气侠开始与法律等领域的专家、人大代表和政协委员等跨学科跨领域联动，与企业一起，共创绿色工厂，为公众、企业和政府牵线搭桥，探索多元共治的环境治理方式。

其实从2015年开始，空气侠就在污染举报、信息公开、自媒体之外，尝试主动与政府环保职能部门对话沟通。"不仅仅带着问题来，也带着想法和建议来，面对面沟通心结，寻找合作的可能性。"亮侠表示，"约会环保局"的工作方法就是从这个时候萌生的。

为了保障"约会"效果，空气侠还会事先递交公众建议书。2015年11月19日，空气侠就收到了一份河北省环保厅关于承诺落实环保公众参与的红头文件。"当时共寄出了5份，以红头文件回复的，这还是第一次。"赵亮兴奋地表示。公众建议书作为志愿者的监督依据，大大增加了志愿者的监督力量，此后就被纳入了"约会环保局"的必备清单。

空气侠还将这种工作方法推广到全国多地。他们联合各地环保组织"约会"当地环保部门，包括山西长治环保局、湖南省生态环境厅、安徽省环保宣教中心、马鞍山市生态环境局、娄底市生态环境局等30多个环保部门，寻求建立良性互动机制。

从2017年开始，空气侠重点关注黄河流域中部地区，又选了一个区域内的典型城市——陕西韩城。韩城位于黄河边上，是一个传统的工业城市，拥有西北三大钢铁集团之一——陕西龙门钢铁公司，又是个历史文化名城，历史可追溯至夏、商时期。

在这里，空气侠推动形成了多元共同参与环境治理的"韩城模式"。

赵亮介绍，2019 年，在西北政法大学丁岩林教授等专家的指导下，空气侠主动与陕钢集团有关部门沟通，最终让其在韩城本地的子公司龙门钢铁公司为环保组织、公众和专家学者打开大门，通过常态化的多方研讨会，探讨企业超低排放和绿色升级方案。此后，龙门钢铁公司所在的工业园区里陆续有多家工业企业打开大门，接受社会各界观摩调研。"他们打开大门这一刻，其实就是对我们的一个认可和接纳。"

"随着我们跟企业的互动越来越多，我们不仅要看企业是怎么做的，我们也想了解到企业遇到了什么难处。"赵亮说，"与此同时，我们也会更多跟地方政府去座谈。从单一问题的反馈，开始向更加多元、多方参与转变，环境共治的局面慢慢形成。"

2019 年 6 月 23 日，陕西龙门钢铁公司向公众和环保组织敞开大门

2021 年 6 月 19 日，空气侠联合陕钢集团龙门钢铁公司共同组织的"工业研学基地挂牌暨龙钢减污降碳协同推进研讨会"在韩城举行

2020 年 7 月 15 日，空气侠与龙门镇政府、韩城市生态环境局、经开区分局、龙门钢铁公司、大唐二电环保负责人、社区居民代表、治理第三方代表等调研韩钢物流基地，并举行治理报告交流探讨，确立常态化互动机制

在大气共同治理圆桌会议上，空气侠与韩城市生态环境局、龙门镇政府、龙门钢铁公司、居民代表、治理第三方代表等就特定议题进行沟通，促成环境问题的解决。

2020 年 7 月 15 日，空气侠与龙门镇政府、韩城市生态环境局、经开区分局、龙门钢铁公司、大唐二电环保负责人、社区居民代表、治理第三方代表等调研韩钢物流基地，并举行治理报告交流探讨，确立常态化互动机制。

环保组织与政府、环保部门、企业、专家学者、媒体与社会公众等多元协同共同参与的环境治理机制，在韩城逐渐发展成熟。空气侠也从"独行侠"时代真正过渡到了"群侠"时代。

从冲突到对话，从孤军奋战到链接多方力量，随着空气侠角色的转变，赵亮内心的孤独感和恐惧感也在慢慢消散。

2021 年，陕西韩城收获了 256 个优良天数，龙门钢铁公司通过加大环保治理投入跻身国家 4A 级旅游景区行列，成为全国第二家、陕西省首家钢铁行业生产在线的 4A 级旅游景区。

2022 年洱海论坛在云南大理举办，赵亮受邀出席向国际社会讲述中国生态文明故事分论坛，并做了"韩城模式"的案例分享。全国政协委员、中国公共关系协会会长、国务院新闻办原副主任郭卫民对案例给予高度评价："'韩城模式'的形成，虽是一件小事，但这也是中国生态文明建设不断取得进展的表现。"

共同守护
同一片蓝天

　　2022 年 11 月，国际非营利组织亚洲清洁空气研究中心（Clean Air Asia，CAA）发布了报告《大气中国 2022：中国大气污染防治进程》及其特别篇《十年清洁空气之路，中国与世界同行》。报告显示，2021 年我国 339 个地级及以上城市平均优良天数比例达 87.5%，已提前实现 2025 年目标；报告横向对比了全球 20 个国家在清洁空气与气候变化领域的进展与成绩，结果显示中国不仅已成为世界上空气质量改善最快的国家，且多项排放控制标准已处于世界先进水平，从"跟跑"变为"领跑"。[1]

　　中国空气质量的十年巨变，得益于一系列强力政策的出台；与此同时，一股广大而坚韧的民间力量，包括万平、王恩林这样的"孤勇者"，像亮侠这样的志愿者先锋，几十上百家如空气侠、自然之友、公众环境研究中心这样的民间环保机构和他们链接的千千万万的志愿者和社会公众，共同参与了环境治理。面对逃离、参与改变等种种选择，他们坚定地选择了后者，为守护一方碧水蓝天积极地付出着努力。

　　从 2013 年开始关注大气污染议题，亮侠在领域里奋斗了 10 年，也在"碰壁"中不断进行反思和调整。"单一的力量终究是有限的，我们需要更广泛的公众参与。"亮侠说，"守护蓝天，我们不是'孤勇者'。"

---

[1] 《大气中国》系列报告发布：十年清洁空气之路，中国与世界同行. 亚洲清洁空气中心，2022-11-29. http://www.cleanairasia.cn/plus/view.php?aid=354.

　　10 年来，亮侠和同事们先后联合各地政府部门、高校社团、社会组织、摄影家群体、骑行爱好者等共同开展"守护家乡蓝"主题公益摄影巡展、"低碳出行 护卫蓝天"公益联动、气象日主题科普、"绿色工厂"共创等一系列特色的公益科普，切实关注大气污染防治和应对气候变化，影响受众超过 5 万人次，越来越多的志愿者加入到蓝天保卫战的行动中。无论是十三朝古都西安，还是在典型的工业城市临汾、吕梁等地，当地公众已经成为守护蓝天的坚实力量。

　　从 2020 年开始，空气侠越来越多地走进高校，跟环保社团合作，跟青年人走在一起。"这里面有很多'90 后''00 后'，我们一起创作有趣的科普作品，和大家一起关注气候变化，学习碳达峰、碳中和。"赵亮说，"过去，我们总是盯着具体的环境问题，忽略了人本身的需求和变化。事实上，人和环境关系变化的核心是人。青年人，是未来中国可持续发展的关键。"

　　"侠之大者，为国为民；侠之小者，为友为邻。"赵亮希望在大家眼中，空气侠和亮侠所代表的，不仅是一个个"蔚蓝斗士"，还要是一枚枚"暖侠"。

　　2022 年 10 月，空气侠在北京市企业家环保基金会卫蓝侠项目支持下，启动了"汾渭平原农村民用散煤治理观察项目"（"暖蓝行动"），选取 5 个地市作为首期农村民用散煤治理观察试点，通过联合区域伙伴组织、高校等相关方，协同政府职能部门，开展实地调研活动，摸清本区域散煤治理底数，探索建立减污降碳协同的农村民用散煤治理模式，推动政策完善。

　　"这是一个有温度的项目。"赵亮说，"'暖'在前，'蓝'在后，我们首先要保证老百姓冬季供暖，其次再说保障蓝天。"为了拉近与老乡的距离，行动小组给自己取名"暖蓝行动观察员"，并且如之前一贯的做法，制作了"傻瓜式"的公众参与手册。他们向村民科普最新的清洁取暖政策、取暖类型等资讯，跟村民解释为什么不要烧散煤，"由于农村室内通风系统的缺失，烧散煤就相当于把自己关在了一个烟灰缸里"。他们用这种方式跟老百姓沟通，让政策变得有了温度。

　　从 2013 年开始参与大气治理，亮侠和伙伴们用 10 年时间探索出了一个草根环保组织的解决方案，核心是倡导公众参与，与政府和企业联动，并积极链接更多元的相关方，跨界合作，形成合力，共同推动空气改善和高质量发展。"建设人与自然和谐的生态环境，环保组织是不可或缺的重要推动力量。空气侠既是见证者，也是受益者。"赵亮说，正因为有越来越多的社会力量加入守护蓝天的行动，才能协同促进中国环境质量的进一步改善，共同推动人与自然和谐共生的美丽中国愿景的实现。

中国大气治理十年简史

**2012 年
2 月**
中华人民共和国环境保护部和国家质量监督检验检疫总局联合发布了《环境空气质量标准》(GB 3095—2012)，新版的 AQI(空气质量指数)在原有 API(空气污染指数)评价的 3 种污染物(SO_2、NO_2、PM_{10})的基础上增加了细颗粒物($PM_{2.5}$)、臭氧(O_3)、一氧化碳（CO）3 种污染物指标。相较于 API，AQI 采用的分级限制标准更严、污染物指标更多、发布频次更高，其评价结果也更加接近公众的真实感受。

**2012 年
5 月**
《重点区域大气污染防治规划（2011—2015 年）》印发实施，提出在"三区十群"深入推进大气污染协同控制工作，为推进联防联控机制建设奠定基础。

**2013 年
9 月**
国务院发布《大气污染防治行动计划》，即"大气十条"，直指雾霾产生的根源，拿出了 35 条"硬措施"。重点行业提标改造、地区产业结构调整、燃煤锅炉整治、扬尘综合整治……经过 5 年努力，"大气十条"目标全面实现，京津冀、长三角、珠三角地区 $PM_{2.5}$ 浓度明显下降。2016 年，新修订的《大气污染防治法》正式实施，将"大气十条"实施以来行之有效的措施法制化，条文从修订前的七章 66 条扩展到八章 129 条。

2015 年
被誉为"长了牙齿"的新环保法实施，这次修订包括加强环境保护宣传，提高公民环保意识，明确生态保护红线，以及对雾霾等大气污染做出更多有针对性的规定。

2017 年
2017 年，国家大气污染防治攻关联合中心成立。经过 3 年的努力，中国在大气污染成因机理、影响评估、精准治理、预测预报等方面实现了一批关键技术突破。同时，技术专家深入京津冀及周边地区"2+26"城市和汾渭平原开展"一市一策"技术帮扶。

2018 年
6 月
国务院发布《打赢蓝天保卫战三年行动计划》，以敢于啃"硬骨头"的坚决态度，要求到 2020 年地级及以上城市空气质量优良天数比例达到 80%。

2019 年
2019 年修订的《全国污染源普查条例》、2021 年制定的《排污许可管理条例》等行政法规，对于相关法律的有效实施具有重要作用。

2019 年
生态环境部、国家发展改革委等五部委联合发布《关于推进实施钢铁行业超低排放的意见》，推动行业力争80%以上产能完成改造。

2020 年
2020 年《新污染物治理行动方案》，是国务院规范性文件层面的主要规范文件。

2021 年
11 月
《中共中央 国务院关于深入打好污染防治攻坚战的意见》提出深入打好蓝天保卫战，其中明确了着力打好重污染天气消除攻坚战、着力打好臭氧污染防治攻坚战、持续打好柴油货车污染治理攻坚战和加强大气面源和噪声污染治理等要求。

2022 年
9 月 15 日
生态环境部部长黄润秋在"中国这十年"系列主题新闻发布会上表示，中国的空气质量已经发生历史巨变，中国成为全球大气质量改善速度最快的国家。2022 年 11 月 29 日，亚洲清洁空气中心在 2022 中国蓝天观察论坛上发布报告《大气中国 2022：中国大气污染防治进程》及其特别篇《十年清洁空气之路，中国与世界同行》。报告显示，过去一年中国 339 个地级及以上城市平均优良天数比例达 87.5%，已提前实现 2025 年目标。

公众参与空气污染议题的四种方式

参与科普传播

采用线上和线下两个渠道，利用传统媒体工具和新媒体平台（微博、微信、抖音、快手等短视频直播平台）面向社区公众开展大气主题有关的科普教育活动，调动公众参与大气环境知识普及与行动链接。

大气治理观察

在科普基础之上，通过 12369 电话 / 微信平台对身边涉及的大气环境问题进行监督举报，敦促企业进行问题整改和环保职能部门加强监管。同时也包括组织公众观摩企业整改的绿色工厂共创行动。随着中央生态环保督察制度化，公众也可以向中央生态环保督察组等进行大气环境问题反馈，形成更高层面、更强推力的治理机制。

环境法律能力提升

利用环境保护法律法规等工具，组织环境法律能力培训，促进环保组织、检察机关、法院、公众和社会各界共同治理环境。比如自然之友、中华环保联合会等机构发起环境公益诉讼，推动涉及空气污染的环境问题整改治理，守护公众的环境健康权益。

大气环境政策倡导

关注空气议题的组织通过共享数据、技术、资源等，形成基于研究和政策倡导的议题网络或议题联盟，借助政策倡导的重要窗口期（如每年"两会"前夕和秋冬季大气治理关键期等），通过联合人大代表、政协委员提交有关推动大气治理的议案 / 提案，让某一区域或行业的大气环境议题受到更多关注。比如，汾渭平原地区环保组织通过专题研讨，提出改善区域大气质量的政策建议或发布相关报告。

资料来源：绿金客 | 行业信息简报第四期：空气环境议题 . 阿拉善 SEE 珠江项目中心，2020-09-08。

■ 本篇人物

赵亮，空气侠 (Airman) 发起人，环境监测与评价专业、环境督导师。成蹊计划导师、2019 届劲草伙伴、创绿家资助计划公益顾问。2005 年松花江水污染事件后，投身环保志愿行动。2014 年，发起创立空气侠，专注空气议题调研与多方共治的推动，致力于守护最美家乡蓝。先后荣获人民日报社中国民生发展论坛颁发的"2019 最美奋斗者""2022 年陕西省最美生态环保志愿者"、《南方周末》颁发的 2022 年度"责任先锋""山西省优秀大气公众监督员"等荣誉，入选生态环境部、中央文明办共同推选的 2023 年全国"百名最美生态环保志愿者"。

空气侠 (Airman) 正式创立于 2014 年，是一家专注并致力于推动空气污染防治的环保公益机构。空气侠基于重点行业大气环境调研，快速响应人民群众反映强烈的空气污染问题：通过发布行业环境观察报告、绿色工厂共创、第三方环保督察等方式，联合多方智慧和力量，推动区域环境风险防控和大气治理，助力行业低碳转型与高质量发展。

采写 | 欧阳海燕
编辑 | 姜静

参考文献：

[1] 李韵石. 中国空气质量十年巨变 [J]. 法人，2022（226）：26-29.

[2] 刁凡超. 峥嵘十年 | 大气治理十年之变：从雾霾重重到蓝天常驻 [EB/OL]. 澎湃新闻，2022-09-15.

[3] 科普长图 | 我国大气污染治理的 50 年历程 [EB/OL]. 国家大气污染防治攻关联合中心公众号，2023-02-04.

[4] 薛丽萍. 十年大气治理蓝天已成常态 [EB/OL]. 山西省生态环境厅公众号，2022-09-08.

孙敬华：垃圾减量『魔法师』日记

「我们要把环保理念的种子传播给公众，尤其是小朋友们，让更多人一起加入『零废弃』行动中。」

孙敬华（自然名『莲蓬』）是一名『垃圾减量魔法师』。走过『零废弃』的10年，她积累了不少实用经验，从『出门五件宝』（环保袋、水杯、筷子、手帕、饭盒）到旅行，再到办公，甚至找到了帮各种旧物获得新生的窍门。

对于莲蓬来说，倡导零废弃生活是一项挑战：『怎样通过自己的有效沟通，让大家理解、接受我不合常规的环保行为，并开始配合我、支持我，直至把这个异类变成表率。』

学一门『垃圾减量魔法』

孙敬华（自然名"莲蓬"）原本是一名建筑设计师，基于对生活的观察，她对随处可见的垃圾产生了兴趣。随着对生活垃圾的关注度越来越高，自2012年开始，她参与了自然之友垃圾分类试点小区调研、厨余堆肥春泥行动、零垃圾挑战赛等活动，成为一名自然之友志愿者。2013年，她选择彻底离开建筑行业加入公益组织，转行成为一名垃圾减量"魔法师"。次年，她便开始通过微信记录下她和垃圾的那些故事，把垃圾减量的点滴小事分享在朋友圈中，再集结成年度《垃圾日记》。富有生活气息的"零废弃挑战"引发了不少人的关注和共鸣。

从建筑师到垃圾减量"魔法师"

2008年，莲蓬作为一名建筑设计师加入一家位于北京CBD（Central Business District，中央商务区）核心区的设计公司。她很快发现，由于写字楼密集而餐馆稀少，无数白领的午餐依靠外卖解决。"每天海量的外卖垃圾，令人头痛。怎么办呢？"

当年的塑料餐盒外面通常会绑一根皮筋，她便开始着手收集，两周后全办公室产生的皮筋连接起来竟有10米长，"一些同事看了很受触动，愿意和我一起想办法减少外卖垃圾"。

其实，为方便员工带饭热饭，当时的办公室有容积够大的冰箱和数量够多的微波炉，但还是有很多同事没饭可带，只能点外卖。为此，莲蓬和同事们想了不少办法，一是几个人搭伙点菜，例如六个人点四个菜，再用电饭锅蒸一锅米饭，产生的垃圾就只有四个餐盒；二是自带筷子，"节省一点是一点"。但外卖员还是会送来一次性筷子，他们就攒起来，攒到一大包时送给楼下快餐店的小老板。"然而这些办法不能治本，外卖垃圾依然困扰在我心头。"她说。直到两年后公司搬到新办公区，领导拍板设置了集中厨房，请了阿姨来做饭，她才彻底松了口气。

与此同时，莲蓬发现，自己对生活垃圾的关注度越来越高：小区虽然给居民发了分类垃圾桶、垃圾袋，但始终没有开启垃圾分类，所有垃圾都是一车运走；混合垃圾中，厨余垃圾污染了可回收物，又脏又可惜。在这种情况下，个人能做些什么呢？

2012 年，莲蓬看到环保公益组织自然之友发起的两项志愿者活动，一是"北京垃圾分类试点小区调研"，二是"春泥行动家庭厨余堆肥"。"这太适合我了！"于是她一边学习堆肥，将厨余变废为宝，一边参与社区调研，与伙伴们一起观察分析社区垃圾分类中存在的问题，就这样踏上了环保志愿者之路，并且越来越投入其中。

2013 年，莲蓬彻底离开建筑行业，转行成为一名垃圾减量"魔法师"。"我们要把环保理念的种子传播给公众，尤其是小朋友们，让更多人一起加入'零废弃'行动中。"她说。

莲蓬：从建筑师到垃圾减量"魔法师"

自然之友

成立于 1993 年，是中国成立最早的环保社会组织之一。一直以来，自然之友通过环境教育、生态社区、公众参与、法律行动以及政策倡导等方式，运用一系列创新工作手法和动员方法，在气候变化与低碳发展、公众健康、可持续社区、生物多样性等领域展开行动。以"在人与自然和谐的社会中，每个人都能分享安全的资源和美好的环境"为愿景，重建人与自然的连接，守护珍贵的生态环境，推动越来越多绿色公民的出现与成长。目前，自然之友全国志愿者数量累计超过 30000 人，月度捐赠人超过 4000 人。

资料来源：自然之友官方网站，www.fon.org.cn/about。

垃圾分类并不难

以前莲蓬经常听到有人抱怨，"我们这里没有垃圾分类，所有垃圾都是一车运走"。近年来，随着垃圾分类的逐步推行，这种情况已经有了改观。"虽然有快有慢各不相同，但总体趋势是向好的，市政后端分类收运也越来越完善。"她说，其实无论所在地的分类收运条件如何，都可以尽量把自己家的垃圾分好。

厨余垃圾，以前市政不单独回收时，莲蓬就把厨余沥干水分，单独装好后再投放到小区垃圾桶，这样就不会污染垃圾桶里的可回收物。后来她学习了家庭堆肥，把果皮做成环保酵素，用于阳台种植和日常清洁，另一部分厨余放进堆肥箱，做出的肥料自己用不完就"贡献"给小区绿地。

"可回收物略微麻烦些。"她说，尤其牛奶盒、塑料盒、玻璃等"低价可回收物"，由于回收价格偏低又很零碎，经常"卖不掉也没人要"，这就需要各自另寻解决办法。比如，对于牛奶盒、酸奶盒、食品塑料包装盒、外卖塑料餐盒，她会用洗碗剩下的废水简单涮涮再控干，等到收集满一大包再送给保洁员或者收废品的师傅；纸张无论大小都展平收集起来，攒到一箱再回收；对于玻璃瓶，小区内没有回收处，但她发现附近某大学家属区的玻璃瓶都被保洁员存起来，说有车来统一拉走，于是就攒一些玻璃瓶送过去。同时她也向街道反映了玻璃回收难的问题，请相关部门想办法协调。

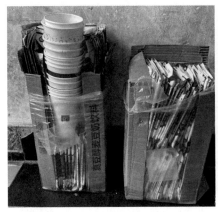 

牛奶盒回收　　　　　　　　　　　　　　零碎的低价值塑料

有害垃圾，数量最少，主要是过期药品，投放到小区专门的药品回收箱就可以了。

"当把前三类垃圾分出来，就会发现，剩下的'其他垃圾'变得很少了。"

自己家做好分类还不够，莲蓬还在社区担当垃圾分类义务宣传员。2020 年 5 月 1 日，随着新版《北京市生活垃圾管理条例》的正式施行，社区垃圾分类终于全面铺开，她和儿子主动报名成为第一批"桶前值守"志愿者。她亲眼看到，在志愿者们的努力下，短短两个月时间，楼栋的厨余分出量就肉眼可见地飙升，从之前的每周 2 桶增加到每周 10 桶左右，居民自主投放的准确率也保持在 85% 以上，"令人惊喜！"

《垃圾日记》节选

2020 年 5 月 18 日

这几天傍晚，我在垃圾桶前指导居民。大家态度普遍很好，有不会分的，我讲一讲，也不强制要求他必须现场分拣，只告诉他"明天按规定分类"就可以了。

完全不配合的很少，一次有一位中年女子扔下垃圾袋就跑。我想了想，可能是做饭的小时工着急赶去另一家上班。于是我在群里提醒居民，要叮嘱保姆和小时工配合垃圾分类。

2020 年 6 月 3 日

按北京市的规定，厨余垃圾需要"破袋投放"，但有居民嫌"破袋"会把手弄脏。我听说上海有些社区配备了洗手池、洗手液，但目前我们物业肯定没钱搞基建。所以我因陋就简，用喷壶装了清水，给每位破袋投放厨余的居民"嗞一嗞"。大家冲冲手，就很开心。

前几天有志愿者捐了一台旧饮水机，放在草地上，居民扔完厨余垃圾可以简单洗洗手（冬天不行，会冻），我的小喷壶就退役了。

2020 年 6 月 20 日

这几天，儿子独自值守垃圾桶的时间比较多。我嘱咐他几点注意事项：

1. 万一遇见非常不配合的居民，讲道理也不听的，千万不可起冲突。（这种情况并没有出现）

2. 在居民提着垃圾走过来时，先观察并预判他是否已经分类。着重去指导在垃圾桶前犹豫的居民；对于明显已经熟练分类投放的居民，不要再唠叨分类的事，天天盯着人家会烦。

3. 说话要注意语气态度，对长辈更要客气。指导时要有技巧。例如，厨余里掺了一张纸巾，要说："您已经分得非常好了，下次记得纸巾不要混进去，就是满分了！"不要直愣愣地批评"这个分得不对"。对于完全没分类的居民，则可以说："一开始是有一点麻烦，我现在教给您怎么分，明天您就可以在家分好了再扔出来。"

零废弃消费，从源头避免不必要的浪费

Reduce（源头减量）、Reuse（重复使用）、Recycle（回收利用）是著名的"垃圾减量 3R 原则"，3 个 R 有着明确的先后关系：Reduce 优于 Reuse 优于 Recycle。

日常我们强调得最多的通常是垃圾分类，也就是在垃圾产生后让它们分别去往不同的地方做进一步处理，这属于 3R 原则里的最后一个 R：Recycle。但莲蓬认为，最有效的方法是 Reduce——在垃圾形成之前采取措施避免垃圾产生，包括理性消费、不使用一次性用品，选择包装少、经久耐用的商品等。

"理性消费，说起来容易做起来难。"莲蓬说，在消费主义的裹挟下，在促销季的刺激下，她也经常控制不住抢购下单的冲动。但每次都会对着"购物车"再冷静一下，问问自己"真的必须买吗"，答案常常是否定的。

此外，在选择商品时，她会把耐用性和包装垃圾作为两项重要参考指标，不买那些很快会扔掉或过度包装的商品。例如，她发现很多品牌的饼干每一两块就单独包装，外面还有塑料盒、纸盒，她就会选择 200 克以上的大包装，回家后打开袋子存放进保鲜盒或用封口夹把袋口密封好，这样就不用担心饼干变质了。又如，她会选择购买超浓缩型的洗涤剂，这样就相当于减少了包装瓶的使用。

就连去快餐店点餐时，她也会先观察各类食物装在什么样的餐具里，尽量不点带一次性包装的，比如装在一次性塑料碗里的沙拉。餐食备好后，她也会直接取走食物，不要托盘纸、餐巾纸和吸管。

如果看到有的大超市把所有蔬菜水果预包装在塑料盒或塑料袋里，她就不在这家超市购买蔬果，而是选择没有强制包装的超市和菜市场，力争"零废弃消费"。

2014 年 10 月 27 日

今天在社区集市买了两摞颜色相同的袜子。摊主问我为啥不多挑几种花色，我答：每双袜子里只要破了一只，另一只也没法穿了；而买 10 只一样花色的袜子，要破掉 9 只，才会剩下 1 只，这样就延长了袜子的使用寿命。摊主评论："你的想法真是与众不同啊！"

2018 年

年初决定参加"一年零购衣"活动，于是整个 2018 年都没有买衣服（内衣裤、袜子等消耗品除外），别人送的新衣服也婉拒了。

但是一年中参加了几次志愿者活动，新添了四件不得不穿的工作服。其中一件只穿了几小时，活动结束后送给一位老师作为他们学校社团志愿者的工作服了。

（后记：截至 2022 年底，"一年零购衣"已经坚持了 5 年。）

2019 年 1 月 12 日

超市蔬菜区，大牌子上"净菜"二字格外显眼。每份净菜外面都是夸张的塑料盒、保鲜膜。

推广"净菜进城"目的是减少菜根、土块、菜帮黄叶等"餐前厨余垃圾"的市政清运量。

出发点当然好，但如果"净菜 = 塑料包装垃圾"，这笔账就要重新算了。

所以我还是去买"不净的菜"吧。

（两天后：自带袋子，在楼下菜场买了"不净的菜"——真的不净啊！胡萝卜上带着好多泥块。唉，泥块的分量也是钱啊！既然买了泥块，也别浪费，洗胡萝卜之前把它们抠下来，扔进花盆里当种植土。）

2020 年 9 月 6 日

现在蔬果店里卖绿叶菜都是一份一份捆好的，有的用塑料胶带缠上，有的用皮筋绑扎。以前那种使用草叶、麻绳捆扎的，基本看不到了。

我尽量选择皮筋绑扎的。没多久，家里就攒了几十个皮筋圈。今天拿去蔬果店，跟理货员大姐说："我攒了些皮筋还给你们。"她呵呵道谢。

2021 年 12 月 17 日

在超市看见一个好久没吃过的巧克力牌子在打特价。惯性地掏手机查网店，果然也有特价，比超市还便宜几毛钱。

但网购一则慢，二则包装垃圾多，所以，就直接在超市买吧。

自助结账后一查小票，居然多了张超市满减优惠券，算下来比网购还便宜一成。嘿嘿，赚到啦！

2022 年 1 月 10 日

难得去趟大超市，赶上满减促销，算了算，并不实惠，原本促销的东西都恢复原价（甚至提价了你也不知道）再满减，逼着你多买凑单。

最后只买了一提卫生纸，挑分量最重、无芯的，节省了 12 个卷纸芯。

2022 年 4 月 24 日

去洗衣店取全家的羽绒服和大衣，每件衣服都带个铁丝衣架，我抽出来还给老板。她惊讶了一下，很开心。

家里衣架太多，留下来也是闲置，还碍事。

（有朋友评论：这种单薄的铁丝衣架，折一下可以变成晾鞋神器。）

2022 年 5 月 11 日

为了预防"突然居家隔离"的物资短缺，现在冰箱储藏室全是满的，每天买些新鲜食物存起来，再翻拣出一拨儿"再不吃就坏了""哎呀，已经过保质期了，凑合吃吧"的库存。如此往复，永远在吃最不新鲜的食物。

未来一段时间，势必一直跟食物浪费做斗争了。我对自己的记忆力和统筹能力没信心，于是在纸上列出各种长期储存食物的保质期，贴在显眼处，提醒别忘了吃。

*冷冻室小窍门：

速冻饺子、馄饨、汤圆，买简装的（仅有一个塑料外包装袋），不买带塑料托盘的。既节省存储空间，又避免产生一次性塑料，而且还便宜。

过一种『零废弃』生活

走过"零废弃"的 10 年，莲蓬积累了不少实用经验，从"出门五件宝"到旅行再到办公，甚至找到了帮各种旧物获得新生的窍门。

出门五件宝

每天走出家门，逛一趟超市、吃一顿饭，就会在不经意间产生不少垃圾。针对这些垃圾，莲蓬有一套非常实用的"出门五件宝"，携带它们出门，就能立竿见影地减少垃圾。

第一宝：环保袋

如果空着手去购物，再大袋小袋满载而归，一个家庭一周能消耗几十个塑料袋，其中一部分被当作垃圾袋，更多的则被丢弃，成为白色污染。因此，莲蓬出门会随身携带环保袋，这样能够保证任何时候想买东西都能掏出袋子，不用再消耗新的塑料袋。

有人会问"什么是环保袋"，必须是布袋子么？她觉得材质不重要，更不需要单独去购买新的环保袋，在家里翻找一下各种旧袋子，能重复使用就好，塑料袋、无纺布袋、网兜、尼龙兜、布袋子都可以。

"袋子以方便折叠携带为佳。"莲蓬补充道，这样平时叠起来不占地方，需要时可随时取用，"一点点习惯，就会有很大的成效"。

第二宝：水杯

现在人们外出习惯购买各种矿泉水、饮料、奶茶、咖啡，伴随而来的是瓶瓶罐罐、纸杯、塑料杯，喝完即丢弃。

　　有人觉得因为能卖废品，塑料瓶、易拉罐就不是垃圾，"资源回收再生就是环保了"。但莲蓬表示，资源再生的过程也要耗费很多资源和能源，且再生品的利用率会逐级下降。她经常想："只为了喝一瓶水，就消耗那么多自然资源和社会资源，是否有些得不偿失？"

　　所以她出门都会携带水杯，有时还去餐馆请店员帮忙续水，"既省钱，又减少垃圾，何乐不为！"而且她发现，有些咖啡店、果汁店，自带杯子还可以减免费用。

　　第三宝：筷子(勺子吸管等)

　　由于庞大的人口基数，我国餐饮业无论外卖还是堂食，一次性筷子都用量惊人。如今，已有部分城市禁止堂食提供一次性筷子，禁止使用不可降解的一次性塑料餐具。

　　莲蓬早已身体力行，给家人配置了便携式筷子，外出携带方便又卫生。给小朋友则多配一个勺子，爱喝珍珠奶茶就增加一根粗口径的不锈钢吸管。她说，现在市面上已经可以买到各种便携式筷子、吸管，且还配有漂亮的布袋或盒子，十分便捷。

　　第四宝：手帕

　　手帕曾经是许多人的日常标配，近年来却被纸巾、湿巾全面替代。莲蓬认为，纸巾一抽、一擦、一扔的简单动作，前面付出的是一棵树的生命，后面换来的则是一堆不可回收的垃圾。湿巾的问题更大，它们作为石油的副产品难以降解，和塑料一样属于"白色污染"。

　　在自然之友的倡导下，越来越多的人，尤其是小朋友开始重拾手帕。"一开始有一些难度。"莲蓬说，但坚持下来就发现，这复古的手帕不只卫生、环保，还能带来"久违的优雅"。

　　第五宝：饭盒

　　饭盒虽然算不上出门必备的"标配"，但在莲蓬的生活中，带上它常可应付不时之需。

折叠饭盒

例如，在餐馆吃饭没能光盘，剩下的食物打包就要消耗一次性餐盒，此时，随身携带的饭盒就能解决问题。又如，临时购买豆腐、熟食、面点等散装食品时，饭盒能代替塑料袋，卫生又安全。莲蓬的随身饭盒是可折叠的，装在包里薄薄一片，打开能装 1 升的食物。

装雨伞的袋子

2014 年 4 月 17 日

早上出门时下雨了。进地铁，别人的雨伞都在滴水，只有我的伞装在塑料袋里，不会弄湿车厢。

我随身总会揣几个这样的塑料袋。有一次在车上碰到个晕车的大姐要吐，还救了一次急着呢！

2021 年 9 月 12 日

自带水杯在"鲜果时间"买珍珠奶茶，店员不仅同意了，而且很贴心地先帮我涮了涮杯子，还夸我环保。

杯子带刻度，容积刚刚好。可惜今天出门带的吸管是细款，嗍不出"珍珠"来。不过我有勺子，可以舀着吃。

对比某快餐店：我沟通了多次，他们依然不允许自带杯子买饮料，店员会先用纸杯打好饮料，再灌进我的杯子，然后把纸杯扔掉，理由是"标准化操作"，即使我的杯子有刻度。所以我在他家只吃主食不买水。

为什么不能把自带杯买饮料也设计成"标准化操作"的一个步骤呢？

2022 年

每次去拍 X 光片，都会得到一个医院提供的大塑料袋。今年拍片我特意自备了超大号便携袋，节约一个是一个。

我家的废旧 X 光片都没扔，留着以后看日食用。

"零废弃"旅行

以莲蓬的经验来看，外出旅行是很容易产生垃圾的，需要在行前做好准备。除了"出门五件宝"，她还会带上雨伞，既能遮阳又能挡雨，可以避免临时购买一次性雨衣，"如果是户外徒步，就准备分体式雨衣"。

住宾馆，她会自带洗漱用品和拖鞋，不使用一次性的。

自驾游，尤其是去自然保护区等生态脆弱的偏远地区，当地没有处置大量外来垃圾的能力，她会把一路上的垃圾暂存在车上，最后带回城市处理。

坐火车，为了避免购买列车盒饭，她通常先在候车时找餐厅堂食或自带餐食。

"坐飞机更麻烦。"莲蓬说，虽然自备水杯，可以不用一次性塑料杯，但航空餐的垃圾往往很难避免。她曾经尝试过在送餐时跟乘务员说不要湿巾和叉子勺子，结果眼睁睁地看着节约下来的东西被乘务员与其他垃圾扔在一起，"非常郁闷！"后来，终于有一次坐南航的飞机出差，出发前一天收到可以取消航班餐食的短信。"太好了！"她想，刚好下午的飞机餐在午饭与晚饭之间，没胃口吃东西，现在可以减少一整套的快餐垃圾，还能获得里程奖励，"希望这样的举措能大范围推广"。

2018 年 4 月 29 日

　　第一次坐高铁动卧，居然跟飞机一样发晚饭啊！一整盒全是小包装食品，粗略数一遍垃圾数量，是夸张的 16 件套！下次我要拒收。

2018 年 5 月 3 日

　　出差中的惊喜！经济舱意外被升为头等舱！这才知道，原来头等舱的餐具不是一次性的。如果经济舱也能这样就好了。

　　不过头等舱也有个缺点：发一次性拖鞋。我当然谢绝了。

去程餐食

2021 年 10 月 9 日

　　坐高铁去广东出差，8 个多小时车程。临出门把剩米饭和快要蔫了的黄瓜、胡萝卜炒了，装在焖烧杯里，带火车上吃。热乎，还不产生垃圾。

10 月 13 日

回程的火车餐依然自带。

清晨在宾馆旁的小铺买了炒粉和卤蛋，装进焖烧杯，又请店家现做了一份猪杂汤粉（不要汤，也不要粉），仅把猪杂和青菜用高汤滚一下，配菜也塞进焖烧杯。美味！

回程餐食

"零废弃"办公

莲蓬注意到，多数人白天大部分时间在上班，办公室会产生很多垃圾。她曾经帮一些企业设计"零废弃"办公改进方案，从源头减少不必要的浪费。例如，无纸化办公、打印机自动双面打印、不提供一次性杯子、撤掉每个工位的纸篓改成集中分类投放的垃圾桶等，物尽其用并做好资源回收，有效减少办公垃圾。

"我们组织会议、做培训时，物料也尽量精简。"莲蓬表示，会避免使用一次性宣传展架，能重复使用为佳；如果需要准备茶歇，那就购买大包装的茶叶、咖啡和散装的点心，拒绝小包装；不给参会者提供瓶装水，而是提前提醒大家自带水杯；现场引导大家做好垃圾分类，最后再做资源回收。

2017 年 11 月 5 日

今天担任"零废弃"志愿者，在会议现场指导大家做垃圾分类。茶歇时，一位女士拿着一个咖啡杯站在分类桶前犹豫，我告诉她，塑料盖子干净的可以回收，纸杯已经脏了难以回收，但纸杯外面的那圈厚纸还可以回收。她一一分好，又指指手里的纸口袋问我扔哪里。

看这纸袋上的商标，是她在面包店买咖啡时附赠的手提袋，设计精美、质量好，也没有任何污损，为什么要扔掉呢？于是我说，这个您拿回去接着用啊！

女士也愣了，想了想，笑笑把纸口袋拿走了。

2021 年 10 月 28 日

很多培训、会议、工作坊，现场需要大张纸做讨论记录，通常会购买 A1 大白纸。我推荐一种替代品——打印店的背胶纸，也就是大型不干胶背面的衬纸，黄颜色居多，一面是光滑的塑膜，不能写字，另一面是带格子的普通纸，可以写字，且纸张足够大，可自由剪切。

今天出差到上海做培训，不方便把家里库存的"大黄纸"带过去，于是我在酒店附近找了家打印店，讨要这种背胶纸。老板非常开心，抱出来一大卷，还很热情地说："以后你常来拿！这些都是废纸，我们每天扔掉很多很多。"唉，可惜我不常驻上海呀。

大黄纸

旧物新生

　　每到换季，小区衣物回收箱总堆得满满的，莲蓬甚至见过挂着标签的崭新衣服被扔掉，"太可惜了！"她惋惜地表示。近年来各种二手平台越来越多，其实可以通过线上的二手交易网站、小区旧物置换群、家长群、线下的慈善捐赠商店、跳蚤市集等渠道，为自己不再需要的旧物找到新主人，收获价格低廉的二手物品。

　　有时候，她也会"捡"一些"破烂儿"：邻居丢弃的盆栽、储物箱、小件家具等，拿回家，刚好用得上。

　　还有许多东西损坏后修一修就可以继续用，难的是怎么找到会修修补补的手艺人。莲蓬有自己的办法。电器类，她会联系品牌维修店，即使修理比买新的便宜不了太多；服装类，莲蓬家附近就有

碎花衣服的破洞补上一只小猫

一家织补店，孩子磨破的校服、磨破的裤兜，都靠这家店来拯救。

"网络也给旧物维修提供了方便。"莲蓬说，自己有一个使用多年的简易衣柜，无纺布外罩破碎了，她就从网上找了家店，量好衣柜尺寸发过去，崭新的尼龙布外罩就做好了。

2015 年 8 月 17 日

出门时看到楼下垃圾桶旁扔着一副崭新的大号三角板，就想一会儿买完菜回来把它们捡回家洗洗留着用，比我用了 20 年那副新多了。

半小时后回来，发现保洁大姐已经把它们收到自己的宝贝回收袋里了。也好，她家一双儿女在上学，正好用得上。

2018 年 3 月 31 日

路过某咖啡店，柜台上竖着个牌子，上写"咖啡渣带回家"，并附二维码介绍咖啡渣再利用的小妙招。于是我掏出随身携带的袋子，店员帮我装了一口袋咖啡渣，回家堆肥去。

2018 年 4 月 6 日

好友装修老房子，翻出收藏了二三十年的三百多盘老磁带，家里录音机早淘汰了，磁带扔了可惜，请我帮她找下家。

我在旧物交换的微信群里问了问，没人要，看来是目标人群不对。于是我按歌手分类，在熟悉的歌迷群里一问，还真有同好愿意收藏。于是以快递到付的方式，送出去将近一百盘（快递箱和填充物都是我积攒的旧物）。

2018 年 10 月 7 日

小朋友长得快，衣服又小了。今天收拾出两大包童装送给同事家 9 岁的孩子。同事投桃报李："刚才某某妈送我一包十二三岁的衣服，你先挑。"正好，截和了！

2021 年 1 月 10 日

晒袜子的晾衣架在阳台挂了好些年，塑料小夹子纷纷老化碎裂，大骨架还完好无损。老爸家的刚好相反，骨架折了，小夹子完好。于是小夹子们来我家，安装上去，完美！

（后记：塑料真怕晒，不到年底，小夹子又碎裂一批。这次换了金属夹子。）

2021 年 3 月 19 日

不锈钢保温杯，磕磕碰碰用了 10 年，粉色漆面斑驳得没法看了，而保温性能还很好。

给它做个"美容"吧：钢丝球刮刮刮，粉色漆全刮掉，变成了银色保温杯！原来有图案的位置刮不干净，还能看出米妮的轮廓，这朦胧效果也不错。

已经掉漆的保温杯

保温杯换新颜

2021 年 12 月 11 日

公交站在更换橱窗里的海报（北京市公交线路图），我问换下来的废纸怎么处理，工人说扔掉。

那有点儿可惜啊，不如，给我一张？

工人大哥很热心，挑了一张最平整的，还帮我撕掉纸上的胶条。我随身带着蛋糕绳子，卷起来捆好，回家！

贴在电脑对着的白墙上，这样开网络会议、讲视频课，就有背景墙了。

做一名绿色公民

作为一名环保践行者，莲蓬经常因为"零废弃"举动而被周围人视作"异类"。一开始，她也有些尴尬，但后来逐渐习惯了那些疑惑的眼光，反而把这当作一项挑战，思索"怎样通过自己的有效沟通，让大家理解、接受我不合常规的环保行为，并开始配合我、支持我，直至把这个'异类'变成表率"。

勇敢做"异类"，用行动带动身边人

通过有效沟通来带动身边人、影响更多人，这对于自认为有些"社恐"的莲蓬来说确实有难度，但她仍然很努力地坚持了下来，且颇有心得：

1.坚信自己，实践环保是好事，没什么可害羞的。

2.勇于"谢绝"，脸皮再厚一些。

3.态度谦和，不要占据道德制高点指责他人，而要平等沟通，诚恳地说出自己的理由，并多站在对方角度考虑问题。

4.一次不行，就沟通第二次、第三次。

"就像我家楼下的小超市，常来常往关系熟了，我提出的各种奇怪要求他们也都能接受了。"莲蓬举例说，主食、豆腐、鲜肉，她都会自带容器购买，甚至现磨豆浆也抱着锅去打。有一次她空着手进超市，拿了三根胡萝卜、一根黄瓜，没用袋子，请营业员直接称重，并要求"把价签贴我手上吧"，营业员不同意，说"容易过敏"，

然后很贴心地帮她贴在袖子上。

　　春节亲友外出聚餐，她也总是带上几个餐盒打包剩菜。"大家对此习以为常。"莲蓬说，现在如果自己没带，他们反而觉得奇怪。

自带盒子买食品　　　　　　　　　　　　自带锅买豆浆

　　在莲蓬潜移默化的影响下，她身边越来越多的朋友开始从点滴小事尝试垃圾减量。一位老同学告诉她，看过《垃圾日记》后全家决定不再购买面巾纸，完全用手帕和毛巾代替，"比我家做得还要极致"。

2014 年 4 月 17 日

　　在好利来买了 9 个小面包，收银员非要分别装进 9 个小塑料袋里。我解释良久才说服她直接装进我自带的两个干净的旧面包袋里，且谢绝她提供的金属丝带，自己挽个扣就封口了。

2017 年 4 月 10 日

　　前年的日记里写过："去菜市场买草莓，自己带了袋子，可摊主非要帮我装盒，说是路远会挤坏。我忙以过马路就到家为由，谢绝了他的好意。"

　　今年卖草莓的大叔更强硬了，绝不允许使用塑料袋装草莓，必须用盒。所以我带上旧塑料盒去买草莓，大叔很高兴，多送了我两颗草莓。

2018 年 2 月 7 日

跟几位姐们去一家新开张的川菜馆吃饭，餐厅老板送每人一瓶辣椒酱，装在漂亮的手提袋里。

我把瓶子直接塞进书包，纸袋还给老板。朋友们见状，也纷纷表示不需要纸袋了。

2020 年 2 月 25 日

业主群联系昌平的种植户团购草莓，每周在小区门口交接一次。

一个大纸箱装四塑料盒草莓。我自己带了兜子，便把四盒草莓放兜子里，大纸箱还给送货的农户。对方很高兴，说盒子可以重复使用了。

回家后，我在团购群里号召大家下次退还纸箱和干净的塑料盒，很多邻居表示支持。之后每周领取草莓时，都会看到不少邻居退还箱盒。

2021 年 4 月 10 日

从去年开始，北京一些超市把普通塑料袋换成了可降解袋，很软很薄，价钱略涨一点点，也不算很贵。每次在收银台看见前面顾客购买这种袋子，我就"好心提醒"："哎呀这袋子不结实吧？您拎的时候手托着点儿，别漏了。"然后再补一句，"以后买东西真得自己带袋子了"。

今天刚出超市就看见一位大姐的袋子漏了，站在路边手忙脚乱，我送给她一个旧袋子救急，或许这次帮忙能促使她以后自带袋子。

与孩子一起"零废弃"

环境保护是每一代人的事业，将环保理念传递给下一代也至关重要。在家庭中，家长可以和孩子一起垃圾分类、旧物利用、源头减量，从一件件小事开始践行"零废弃"的生活方式，让孩子从小养成良好的习惯。

"'垃圾分类从娃娃抓起''小手拉大手'这样的口号我们经常听到，然而由于小手的力气比不过大手，在家庭、学校，通常还是大人说了算。"莲蓬说，所以做家长、做老师的更需要自己先行动起来，给娃娃们创造一个能够实践"零废弃"的环境。

2013 年，莲蓬的儿子小学一年级入学，班主任要求所有书本必须包塑料书皮，她询问是否可以用废纸包书皮，却被老师以统一外观为由拒绝了。第二学期她提出把旧书皮清洁消毒后重新使用，又被老师否决。"这太浪费了！而且是强制所有学生一起浪费！"莲蓬通过自然之友向北京小学生家长做了一次调研，发现有这样要求的学校不在少数。

2014 年，自然之友发出《呼吁北京市小学取消"强制包书皮"的建议信》并寄送至北京市教委办公室，呼吁践行"惜物、节俭、环保"的理念，取消"强制包书皮"的相关规定和要求。"我们希望教育从业者转变思维，从追求'整齐、统一、美观'转向注重'节俭、环保、实用'，从'习惯强制规定'转向'尊重学生、家长的自由选择权'，将是否包书皮以及选择书皮材料的决定权交还给学生，不再做统一硬性规定。"莲蓬说。

尽管建议信发出后并没有收到教委回复，但却得到了许多家长的支持，也吸引了许多媒体跟进报道。接下来的几年中，除自然之友外，还有其他一些环保组织也陆续为此事发声。终于在 2019 年 10 月，教育部等四部门发布《关于在中小学落实习近平生态文明思想、增强生态环境意识的通知》[1]，要求各地加强生态环境保护教育，努力实现"无塑开学季"，其中包括：学校不得强制学生使用塑料书皮，尤其不能使用有问题的塑料书皮。

"这一年，我儿子已经小学毕业升入了初中。"莲蓬感慨道，6 年前的一个质疑，在多方努力下终于得到了圆满的结果。同时在这些年中，莲蓬和自然之友的同事们针对中小学生研发的垃圾减量课程"废弃物与生命"也逐渐推广到全国上百所学校，越来越多学校开启了"零废弃学校建设"，把垃圾减量教育纳入学校日常。

言传身教下，莲蓬的孩子也成了"零废弃"生活的践行者。比如，她的孩子不仅会把旧作业本的空白页裁下来装订成草稿本，用废弃物制作教具，破损的玩具自己修补，还会去图书馆借阅以替代购买新书。而且，在此环境下长大的孩子也会发现身边的垃圾问题并尝试做出改变，几位同学就把"学校午餐发湿巾擦手"的话题作为学期小课题研究，向学校发出了"我们要洗手，不要浪费湿巾"的环保建议。

---

[1] 教育部办公厅等四部门.关于在中小学落实习近平生态文明思想、增强生态环境意识的通知:教材厅函〔2019〕6号[EB/OL].2019-10-10.http://www.moe.gov.cn/srcsite/A26/s7054/201910/t20191022_404746.html.

2016 年

儿子学校每次外出参观，都要求学生"带一瓶矿泉水"。因为水壶容易丢，丢了老师就得帮着找……为避免麻烦，带矿泉水就最方便。这样的利弊选择，于老师而言似无可厚非；于家长也不过一两块钱的事；唯有对于孩子们的消费习惯，是个错误引导。

可惜，针对这类不合理的规定，我历年来与老师的数次"正面杠"都不幸当场落败。作为一个非典型的"怂包"家长，我只能迂回地"曲线救娃"。于是我在班级微信群里递交申请："XX 同学胃寒，不能喝冷水，外出自备保温壶。如果丢失，请老师不必帮他找，让他自己长记性。"不一会儿，也有其他家长提出相同申请，当然我不知道他们的孩子是否也胃寒。

其实这样的教育，强调自己照顾自己、自己为自己负责，比暗示他"出门买矿泉水最方便，空瓶子丢掉也没关系"要好得多。所以，我的小迷糊儿子在学校外出活动中并没丢过水杯。

2017 年 3 月 1 日

学校要求学生参加某读书活动，规定必须"同步阅读"某三本书。由于指定了出版社的版本，短时间内很难从图书馆借到，只能网购了。

如果每个家庭自己网购，全班 40 多个孩子就是 40 多份快递，运输和包装成本都不低。于是我在班级群张罗搞团购，不仅节约了快递包装，还达到"满减"数额，打了折，大家一起得实惠。

其实，如果不是要求"同步阅读"，完全可以全班买一套书，大家排队借阅。

2021 年 5 月 23 日

今天有小朋友问我可降解的塑料袋、餐盒是否环保。我从材料特性方面给他介绍完，又提了个新角度："绝大部分可降解塑料来自淀粉，也就是粮食。"小朋友一下子就理解了。

科学家们费尽心力提高粮食产量，农民辛苦耕作，然后这些粮食就变成一次性用品，被我们随意取用、随手丢弃，这符合"节约粮食反对浪费"的国策吗？

说到底，我们真正的敌人是"一次性消费"。

2019 年

　　每次公共活动结束后，会场里总会剩下些东西需要失物招领，往往寻找半天失主，却得到一句"哦，那个我不要了扔了吧"。

　　今天被抛弃的是一支没有笔帽的水彩笔。我把它带回家，让小朋友从积攒的各式各样的旧笔帽里挑了一个能与它相配的。虽然不太好看，总算能继续使用了。

做绿色时代的绿色公民

　　10 年来，我们身边涌现出很多"零废弃达人"，全国各地关注垃圾议题的社会组织也越来越多，大家一起向着"零废弃"的目标努力。莲蓬除了身体力行地践行"零废弃"、从各种角度开展公众动员外，还和同事们参与政策建议，发挥更多"绿色公民"的草根力量。

　　当政府发布环保相关法律、法规和政策的征求意见稿时，他们尽己所能，提出合理化建议；全国"两会"和地方"两会"期间，他们与代表委员沟通交流，请他们提交促进节能减废、资源回收的议案提案；针对某些行业存在的垃圾问题，他们则向相关企业表达诉求，力争从生产端、销售端减少废弃物产生。

　　在诸多同仁的共同努力下，一次又一次政策发生改变：一次性发泡塑料餐具、含塑料微珠的日化产品已在全国范围禁止生产和销售；宾馆、酒店等场所不可再主动提供一次性塑料用品；还包括前文所述，以"包书皮"这件小事为源头，教育部等四部门联合发文，倡导"无塑开学季"。"这些'成果'令人欣慰，也激励我们继续建言献策，推动环保变革。"莲蓬说。

　　"有法可依"之后，还需要"违法必究"。莲蓬在生活中也是一个"爱管闲事"的监督者。10 年前，她发现路边有环卫工人露天焚烧垃圾，第一次拨打了举报电话。那之后，她经常向相关部门反映身边的垃圾问题：超市违规免费提供塑料购物袋、社区没有配套的垃圾分类桶、周边缺少资源回收站……其中大部分问题得到了解决。

　　同时，作为一名消费者，莲蓬也向一些商家和企业表达诉求，希望他们从产品和服务源头减少不必要的浪费，做好资源回收。"虽然这些建议很难在短时间内看到成效，但至少让对方听到了消费者的环保呼声。"她相信，一点一滴的努力都是有意义的。

2018 年 11 月 11 日

清理家中闲书，儿童绘本送给朋友家的孩子，成年人的书卖给二手书循环商店"多抓鱼"。

我在"多抓鱼"买过几本二手书，版本不错，价格便宜。唯一的缺憾是，每本书外面都包了一层塑料保护膜，显得新，但很浪费。

于是我给"多抓鱼"留言：快递包装不需要更多"保护"了，建议减少不必要的垃圾。对方表示已收到建议。

（后记："多抓鱼"的保护膜换成了可降解塑料。算是进步了一点点吧。）

2021 年 1 月 3 日

孩子的浅色系校服很难洗，仅上个学期，500 毫升的衣领净就用光了 7 瓶！

买套装的衣领净，标准装与补充装是 2+2 组合，也就是一套 4 瓶液体，配两个喷枪（泵头）。我问商家能不能有 1+3 的选项，因为我不需要那么多泵头，送来也是浪费。商家赞赏我的环保意识，但他们"为了确保产品正常使用"，还是不能降低配送比例。

（后记：年底收拾橱柜，发现一瓶临期的厨房油污净补充装，它的喷枪估计跟原配空瓶子一起扔了。于是把闲置的衣领净喷枪安上，尺寸刚刚好。感谢不同品牌采用标准化型号。只是颜色搭配有些别扭。）

■ 本篇人物

孙敬华，自然名"莲蓬"，自然之友垃圾减量项目主任，科普图书《垃圾魔法书》主编。多年来致力于"零废弃"公众倡导，在青少年垃圾减量教育、"零废弃"学校建设、社区垃圾分类动员、"零废弃"赛会、厨余堆肥、"零废弃"生活倡导等方面持续进行宣传教育及科普工作。

原创 | 孙敬华

编辑 | 白志敏